머릿속에 쏙쏙!
환경과학 노트

머릿속에 쏙쏙!

환경과학 노트

사이토 가쓰히로 지음　곽범신 옮김

시그마북스
Sigma Books

머릿속에 쏙쏙! 환경과학 노트

발행일 2021년 8월 4일 초판 1쇄 발행
2024년 12월 2일 초판 2쇄 발행
지은이 사이토 가쓰히로
옮긴이 곽범신
발행인 강학경
발행처 시그마북스
마케팅 정제용
에디터 최연정, 최윤정, 양수진
디자인 강경희, 김문배, 정민애

등록번호 제10-965호
주소 서울특별시 영등포구 양평로 22길 21 선유도코오롱디지털타워 A402호
전자우편 sigmabooks@spress.co.kr
홈페이지 http://www.sigmabooks.co.kr
전화 (02) 2062-5288~9
팩시밀리 (02) 323-4197
ISBN 979-11-91307-53-5 (03450)

'KANKYOU NO KAGAKU' GA ISSATSU DE MARUGOTO WAKARU
© KATSUHIRO SAITOU 2020
Originally published in Japan in 2020 by BERET PUBLISHING CO., LTD.,TOKYO.
translation rights arranged with BERET PUBLISHING CO., LTD.,TOKYO,
through TOHAN CORPORATION, TOKYO and Enters Korea Co.,Ltd., SEOUL.

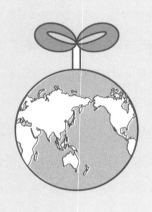

시작하며

이 책의 취지는 환경과 환경 문제에 관한 과학적 지식을 소개하는 것이다. 환경은 누구나 알고 있을 듯하지만 생각해보면 막연한 개념이다. 환경을 분석하고 이해해서 환경 문제를 해결하는 데도 다양한 접근 방식이 있다.

환경 문제가 어떻게 발생했는지 알려면 역사적 시점이 필요할 테고, 환경 문제를 해결하기 위해서는 정치·경제적 시점과 방법이 필요할 것이다. 2015년 9월에 UN 총회에서 채택된 SDGs, 지속 가능한 개발이라는 개념 역시 마찬가지이다.

하지만 환경 문제를 파악하고 해결하기 위해서는 우선 환경이란 어떠한 것이며, 어떠한 문제를 안고 있는지를 냉정하게 조사·분석하고 이해해야 한다. 그러지 않으면 덮어놓고 비관적인 자세를 취하거나, 임시방편적인 해결책에 매달리게 되기 마련이다.

환경은 두말할 필요도 없이 우리가 생활하고, 활동하고, 생산하는 곳이다. 큰 규모로 보자면 우주나 지구이고, 작게 축소하면 사회나 거리가 되며, 확 좁히면 가정이 된다. 다시 말해 환경이란 생각하기에 따라 넓어지기도 하고, 좁아지기도 하는 것이다.

지구 환경을 예로 들면 어떻게 될까? 지구에서 가장 높은 곳은 에베레스트 산 정상으로, 높이는 약 10km이다. 가장 낮은 곳은 마리아나 해구로, 깊이는 약 10km이다. 지구상에서 인류가 움직일 수 있는 범위, 다시 말해 지구 환경은 '상하 20km 정도의 공간'인 셈이다.

지구는 지름 1만 3,000km의 구체이다. 공책에 컴퍼스로 지름 13cm의 원을 그려보라. 이러한 원이 지구라면 앞서 언급한 지구 환경은 두께 0.2mm의 선이 된다. 쉽게 말해 연필선의 두께에도 미치지 못한다는 뜻이다. 인류는 연필선 같은 범위에서 지구에 달라붙은 채 살아가고 있다. 이 공간을 더럽혔다간 더 이상 갈 곳이 없다.

하지만 이러한 공간만을 가리켜 환경이라 부르지는 않는다. 우리는 우주공간에 홀로 서 있는 것이 아니다. 우리는 대지에 서서, 대기에 감싸여, 태양의 빛을 받으며 서 있다. 그리고 집에서 살고, 옷을 입고, 음식물을 섭취하며 살아가고 있다. 즉 우리는 수많은 물질에 둘러싸인 채 그 혜택을 받으며 살아간다는 뜻이다. 이처럼 공간에 존재하는 모든 물질, 생명체를 모두 포함해 환경이라 부르는 것이다.

물질이나 생명체를 구성하는 것은 화학물질이다. 그렇다면 환경을 구성하고 환경에 큰 영향을 끼치는 존재가 화학물질임은 새삼 설명할 필요도 없으리라. 다시 말해 우리가 환경을 이해하고 환경을 바꿀 수 있는 것은 화학 연구와 화학이라는 학문이 지닌 힘 덕분인 셈이다.

　환경은 우리가 생존하는 데 가장 중요한 존재이다. 인류는 이 환경 속에서 탄생하고, 진화했으며, 오늘날의 문명을 쌓아올렸다. 수백만 년에 걸쳐서 이어져 내려온 환경은 우리 세대에 도달해 있다. 우리는 선조로부터 물려받은 이 환경을 다음 세대의 사람들에게 넘겨줘야만 한다.

　그런데 최근, 이 환경에 변화가 일어나고 있다. 지구 환경은 지구의 온난화, 산성비, 사막화, 오존층 파괴 등 지금까지 겪어본 적 없는 심각한 문제와 마주하고 있다. 환경을 지키고 정화하기 위해 우리가 해야 할 일은 무엇일까?

　이와 같은 문제를 함께 생각해보자는 것이 이 책의 목표이다. 지구란, 수권(水圈)이란, 기권(氣圈)이란 무엇일까? 그곳에 있는 물질은 어떠한 성질을 띠고 있을까? 나아가 인류의 생명활동을 통해 새로이 더해진 물질은 어떠한 성질을 띠고 있을까? 이 책은 그와 같은 질문에 대한 대답이기도 하다. 이 책을 다 읽고 나면 틀림없이 환경 문제를 생각하는 데 필요한 종합적인 지식이 머릿속에 잘 새겨져 있을 것이다.

마지막으로 집필에 참고한 서적의 저자 여러분과 출판사, 그리고 이 책의 간행에 크게 도움을 주신 베레출판의 반도 이치로 씨와 편집스튜디오 시라쿠사의 하타나카 다카시 씨에게 감사의 말씀을 드린다.

사이토 가쓰히로

차례

제6장   인구 폭발과 식량 위기의 대처

제7장   편리한 플라스틱과 환경오염

제 1 장

언제부터 어떻게

환경 문제가 시작되었을까

01

환경의 범위는 어디부터 어디까지일까?

우리가 환경을 가능한 한 더럽히지 않고, 자원을 고갈시키지도 않고, 오랫동안 사용하려면 어떡해야 좋을까? 이때 생각해봐야 할 게 바로 환경 문제이다.

살고 있는 계층별로 환경이 있다

환경이란 우리를 둘러싼 '공간과 그 공간에 존재하는 물질'을 말한다. 당신은 옷으로 몸을 감싸고 있다. 그 바깥에는 방(실내)이 있고, 그 바깥에는 집이 있다. 그 바깥에는 거리가 있으며, 그보다 더 바깥에는 교외가 있다.

그리고 그 바깥은 '국가'라는 사회가 되며, 더욱 넓혀간다면 '지구'가 된다. 그 이상으로 넓히면 태양계가 되고, 은하계가 되며, 마지막으로는 우주까지 오게 된다. '환경이란 무엇인가?'라고 생각하기 시작하면 끝이 나지 않는다.

사실은 이러한 **계층 하나하나가 저마다 환경**이다. 따라서 단순히 '환경'이라고만 말했을 경우, '어느 계층의 환경을 두고 한 말이지?'라는 문제가 생긴다.

지구 온난화의 경우 환경은 지구 규모의 환경을 가리키는 말이 되겠으나, 흡연 문제의 경우에는 범위가 실내나 옥내로 좁혀진다. 하지만 환경의 영향을 받는 사람에게는 모두 큰 문제다. '환경 문제'가 어려운 이유 중 하나는 이러한 점에서도 찾을 수 있다.

가장 넓은 우주라는 환경

환경의 범위를 가장 크게 넓혔을 때의 환경, 다시 말해 '우주'란 어떠한 환경일까? 혹시 '우주는 한없이 머나먼 과거에서부터 항상 변하지 않은 채 쭉 존재해온 것'이라 생각하고 있지는 않은가?

어항에서 나고 자란 금붕어는 '어항'을 우주의 전부라고 생각할지도 모른다. 하지만 비행기가 있고, 잠수함이 있고, 무엇보다 망원경이 있는 우리는 조금 더 넓은 우주관을 지녔다.

잠깐 우주에 대해 이야기해보자. 우주가 생겨난 것은 겨우 138억 년 전의 일이다. 138억 년이라 하면 '까마득히 먼 옛날'처럼 들릴지도 모르지만, 이 조그마한 지구가 생겨난 때가 46억 년 전이니 138억

금붕어에게는 '어항'이 환경의 전부

년쯤은 그렇게 먼 옛날도 아닌 느낌이다.

지금으로부터 138억 년 전에 **빅뱅**이라는 어마어마한 대폭발이 일어났고, 그때 흩날린 수소 원자가 우주를 이루었다고 한다. 수소 원자는 지금도 꾸준히 흩날리고 있으니 '우주는 이 책을 읽고 있는 지금 이 순간에도 넓어지고 있는' 셈이다.

처음에 수소 원자는 안개처럼 떠다녔지만 이윽고 무리를 지어 구름처럼 변했고, 고온·고압의 상태에서 핵융합 반응이 일어나면서 이글이글 불타는 태양 같은 항성이 탄생했다. 그런 항성도 이윽고 불이 꺼지게 된다. 그러면 팽창하는 힘이 중력을 당해내지 못하게 되어 항성은 쪼그라들기 시작한다. 그 수축률은 지구의 지름이 수 km의 공처럼 변할 정도로 격렬하다. 여기까지 왔다면 에너지 균형이 깨져서 폭발하는 항성도 나타난다. 이는 사실 우리가 보는 태양도 언젠가는 거쳐야 할 운명이다. 그전까지 인류가 다른 천체로 무사히 이주할 수 있기를 바랄 뿐이다.

그렇게 항성이 폭발하면 우주에는 부스러기가 떠다니게 된다. 부스러기가 모여서 굳으면 중력이 발생하고, 더욱 많은 부스러기를 운석의 형태로 끌어들이기 시작한다. 이렇게 해서 원시 지구가 생겨난 것으로 생각된다. 갓 탄생한 원시 지구는 운석의 충돌 에너지 때문에 전체가 용암 덩어리처럼 뜨거웠으리라.

현재의 지구는 지각이 차갑지만 그 내부는 여전히 뜨거운 상태로, 중심부는 태양의 표면과 비슷한 온도인 약 6,000℃이다. 하지만 이 열은 처음 생겨났을 때의 열이 남아 있는 것은 결코 아니다. 탄생 당시의 열기는 일찌감치 우주 공간으로 방출되었다.

그렇다면 지금 이 열은 어디에서 생겨난 것일까? 현재의 지구 내부는 지구에 함유된 **방사성 원소가 원자핵 붕괴를 일으키고, 그 열기가 뭉치면서 뜨거워진 것이다.** 따라서 태양이든, 지구 내부든, 우리는 원자핵 반응을 피해갈 수 없는 운명인 셈이다.

생활을 풍요롭게 해준 공업이 유해물질을 낳았다

원시 지구의 대기는 수증기와 이산화탄소로 이루어져 있었지만 이산화탄소는 이윽고 바다에 녹아들고, 석회석으로 모습을 바꾸며 점차 줄어들었다. 시간이 흘러 물속에서 생활하는 단순 형태 식물의 일종인 조류 같은 생물이 생겨났고, 조류가 광합성을 실시한 덕분에 산소가 발생했다.

산소의 발생에 이끌리듯 산소 호흡을 하는 생물이 생겨나 어류가 되었고, 공룡이 되었고, 조류가 되었고, 포유류가 되었고, 인류가 탄생했다. 집단으로 생활하던 인류는 이윽고 국가를 이루었다. 다양한 기능을 갖춘 국가는 서로를 통제하고, 견제하고, 때로는 전쟁을 일으켰으며, 그러다 평화를 약속했다.

농업, 어업은 다양한 생산물을 사람들에게 안겨주었고, 공업은 자연에서는 얻을 수 없는 편리한 제품을 인간을 위해 만들어냈다. 하지만 그와 동시에 부산물로 유해한 물질도 만들어냈으며, 이것이 공해를 발생시켰다.

담배, 새집 증후군…, 좁은 범위에서의 환경 파괴

1976년에 미국 펜실베이니아주에서 재향군인회 모임이 개최되었을 때, 참가자와 인근 주민 221명이 원인을 알 수 없는 폐렴에 걸렸고 그중 34명이 사망했다. 원인은 신종 그람음성간균(Gram negative bacillia)인 레지오넬라균이었다. 이 지역의 집단감염은 재향군인회의 회장 근처에 있는 냉각탑에서 분사된 **에어로졸**(공기 중에 섞여 있는 매우 미세한 크기의 액체나 고체 입자-옮긴이 주)이 원인이었던 것으로 보인다. 이러한 사례는 사회라고도 볼 수 없는, 지극히 좁은 영역에서 벌어진 환경 문제라고 할 수 있다.

실내에서 담배를 피우면 실내의 공기가 오염된다. 한때 새집 증후군이 사회문제로 대두된 적이 있다. 새집 증후군이란 새로 지은 집에 들어와 살던 사람이 두통이나 권태감을 느끼게 되는 현상이다. 원인은 건축자재로 사용된 플라스틱재나 접착제에서 새나온 포름알데하이드 등의 휘발성 유기화합물(VOC, Volatile Organic Compounds)이 실내에 가득 찼기 때문이었다.

이러한 예시들은 실내, 혹은 옥내 환경에서 발생한 문제이다.

지구에서 우리가 살 수 있는 범위는 의외로 좁다

환경은 어떠한 시점에서 바라보느냐에 따라 넓게 느껴지기도 하고, 좁게 느껴지기도 한다. 또한 환경은 의외로 좁기도 하다. 바로 지구의 환경이다. 지구의 지름은 1만 3,000km이다. 여기서 **인류가 갈 수 있는 범위를 '환경'으로 본다면 하늘은 에베레스트산의 높이인 약 10km, 해저는**

마리아나 해구의 깊이인 약 10km, 합쳐서 위아래로 20km이다. 이 범위가 바로 **지구 환경**이다.

컴퍼스로 그린 지름 13cm의 원을 지구라고 가정하겠다. 연필로 그은 선의 두께는 어느 정도나 될까? 1만 3,000km를 13cm로 축소하면 사람이 갈 수 있는 20km는 겨우 0.2mm이다. 즉 지구 환경은 연필 선의 두께보다도 얇다는 뜻이다.

여기에 유해물질이 더해진다면 어떻게 될까? 돌이킬 수 없는 일이 벌어지리라. 환경 문제, 공해 문제의 기본은 여기에 있다. 우주 환경이든, 지구 환경이든, 사회 환경이든, 실내 환경이든, 모든 환경은 저

그림 1-1 생물이 지구에서 살아갈 수 있는 범위는 좁다

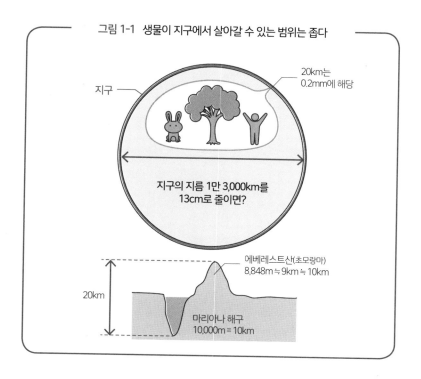

마다 어떠한 문제를 안고 있다.

그 환경을 가능한 한 더럽히지 않고, 자원을 고갈시키지도 않고 오랫동안 사용하려면 어떡해야 좋을까? 이때 생각해봐야 할 게 바로 **환경 문제**이다.

02

환경이 파괴될 때, 문명은 어떻게 될까?

환경이 파괴될 때, 문명도 파괴된다. 제철을 위해 온 나라의 삼림을 밀어낸 고대 제국 히타이트는 결국 사막으로 변하고 문명은 멸망하고 만다.

인류가 탄생한 이래로 여러 문명이 발생했고, 또 사라져갔다. 우리의 현대문명 역시 언젠가 그러한 운명을 뒤따르지 말란 법은 없다. 아니, 거의 무조건 뒤따르게 되지 않을까?

문명의 멸망이라면 '이웃 나라와의 전쟁에 패한 결과'를 떠올릴지도 모르나 국가의 멸망과 문명의 멸망은 다르다. **문명이 멸망할 때는 환경도 파괴되었을** 경우가 많다. 여기에서는 그와 같은 문명의 예를 살펴보겠다.

수메르 문명은 메소포타미아 남부의 티그리스·유프라테스강 하류 유역에서 융성한 문명으로, 세계에서 가장 오래된 문명 중 하나로 여겨진다. 기원전 4300~3500년경에는 물을 다스리는 치수를 위해 **관개농업**(건조한 지역에서 농작물이 성장할 수 있도록 보나 저수지 등을 만들어 인위적으로 물을 공급해주는 방식의 농업-옮긴이)이 성립해 있었다. 그러다가 기원전 2800~2700년경에 기후가 건조해지면서 물을 대기 위한 대규모 토목공사가 필요해졌다. 이를 위해 '국가'가 탄생한 것으로 보인다. 그리고 기원전 2700년경에는 메소포타미아 남부의 우르에 대규모 도시가 세워졌다.

기후가 건조해지는 가운데 관개농업을 지속한 결과, 관개용수에 함유된 염분이 점차 토양에 쌓였다. 이를 극복하기 위해 작물을 염분에 약한 밀에서 보리로 바꾸었다. 기원전 2400년경에는 지금의 미국이나 캐나다의 수확량에 필적하는 양인 1헥타르당 평균 약 2톤의 보리를 수확했을 것으로 추정된다.

하지만 그 후로도 염분은 계속 쌓여갔고, 도시화가 진행됨에 따라 숲을 베어내면서 상류에서는 토양의 침식이 진행되었다. 또한 하천에 유입된 흙이 하류에 퇴적되면서 관개용수로를 틀어막았다. 여기에 그치지 않고 고운 점토에 염분이 함유되면서 또다시 소금기로 인한 피해인 염해(鹽害)가 가속되었다.

그 결과 기원전 2100년을 전후해서 보리의 수확량은 최전성기의 40% 정도까지 떨어졌고, 기원전 2000년경에는 수메르 제국이 붕괴되었다. 그러면서 문명의 중심은 이윽고 북방 바빌로니아로 이동하기 시작했다. 주식인 보리가 도시에서 살아가는 사람들의 생존을 지탱해주었지만, **염해 때문에 생산량이 저하되면서 더 이상 도시 사람들의 삶을 유지해줄 수 없게 된 것이 수메르 문명이 쇠퇴한 원인 중 하나로** 받아들여지고 있다.

인도 서부에서 일어난 **인더스 문명**은 기원전 2500년경, 모헨조다로를 중심으로 인더스강 유역에 성립된 도시문명이다. 당시 인더스 문명의 주춧돌은 범람 관개농업으로, 인더스강의 범람에 맞춰 약한 제방을 쌓아서 물이 빠질 때 비옥한 진흙이 남게끔 하는 방식으로 농업을 실시했을 것으로 본다. 하지만 인더스 문명은 기원전 1800년경부터 쇠퇴기에 접어들었고, 기원전 1500년경에는 멸망하고 만다. 멸망의 원인에 대해서는 아리아인의 침입, 대홍수, 물길의 변화 등 다양한 설이 있고, 여기에 '기후 변동설'도 있다. 그렇다면 인더스 문명을 기후 변동의 관점에서 살펴보자.

우선 기원전 3000년 이후, 기후가 한랭해지면서 서(西)히말라야 일대의 적설량이 증가했다. 이와 동시에 인더스강의 중류·하류 유역은 건조해졌고, 사람들은 물을 찾아 인더스 강가로 모여들기 시작했다. 적설량이 증가하자 히말라야에서 흘러나오는 하천의 유수량(流水量) 또한 증가해 초봄이면 하천이 범람하게 되어 관개농업이 발전했다. 그 덕분에 도시문명이 형성되었다. 그런데 기원전 1800년경 문명의 쇠퇴기에 유라시아 대륙은 다시금 온난기에 접어든 것으로 보인다. 그 결과 적설량이 줄어들면서 초봄의 유수량 역시 감소했고, 여기에 의존했던 농경사회가 타격을 입은 것이 인더스 문명이 쇠퇴한 원인 중 하나로 생각된다.

히타이트 문명은 기원전 15세기경에 중앙아시아에서 발생한 문명으로, **철기**를 만들어낸 것으로 알려져 있다. 그전까지 인류는 금속이라하면 구리와 주석의 합금인 청동을 이용했다. 하지만 청동과 철은 단단함에서 차이가 난다. 청동검은 상대를 베는 대신 때려눕히는 데 사용되었다고 한다. 반면에 철검은 날카로운 날로 상대방을 베어 넘길 수 있었다.

무기로 보았을 때는 철이 유리하지만, 만들기는 더 어렵다. 쉽게 녹이 스는 철은 자연계에서는 금속 상태로 산출되지 않는다. '녹'인 산화철의 상태로 산출되는 것이다. 이 산화철에서 산소를 제거해 '철'로 되돌리려면 탄소로 환원할 수밖에 없다. 히타이트인들은 그 탄소로 목탄을 이용했던 것이다.

따라서 제철에는 엄청난 양의 목재가 필요해진다. **히타이트인들은 철 때문에 온 나라의 삼림을 밀어냈고, 삼림은 회복될 수 없는 피해를 받아 사막으로 변했다.** 그렇게 곡물을 생산할 힘을 잃게 된 결과, 히타이트 문명은 멸망했다고 한다.

03

환경 문제에 대한 대응은 언제 생겼을까?

환경 문제는 고대 문명 시대부터 발생해온 문제였다. 그러나 환경이 오염되면 큰 문제가 발생한다는 사실에 사람들이 눈뜨기 시작한 때는 산업혁명 무렵이었다고 한다.

에너지 혁명이 일어나다

인간은 도구를 사용하는 동물로 역사의 초창기부터 석기나 토기와 같은 도구를 사용해왔다. 그러나 인력이나 동물, 혹은 풍력, 수력 등 자연의 힘이 아닌 동력을 이용한 기계를 사용하게 된 때는 산업혁명이 벌어진 이후라고 한다.

인류는 기계를 몰랐을 때부터 자연자원을 이용해왔지만, 이를 폭발적으로 확대시킨 계기는 18세기 중반부터 19세기에 걸쳐 벌어진 산업혁명이었다. 산업혁명 시대에 인간은 **증기기관을 사용해 에너지를 이용하는 기술을 발명하여**, 기존의 것보다도 강력한 힘을 필요할 때면 언제든지 발휘할 수 있는 재주를 손에 넣었다.

증기기관이 개발되면서 기계가 활약할 장소가 늘어나자, 이번에는 이 기계들을 움직이기 위해 석탄이나 석유가 필요해졌다. 그리고 석탄과 석유에서 생겨난 에너지는 인간이 쾌적하게 살아가는 데 필요한 의식주와 관련된 온갖 제품을 끊임없이 만들어냈고, 이는 도시의 번영으로 이어졌다.

산업혁명 이후로 편리하고 쾌적한 생활을 영위하게 되었지만 사람들의 욕망은 꺼질 줄 몰랐다. 기계는 점점 더 많이, 더욱 다양한 곳에서 이용되었다. 그 결과 인간의 활동과 자연과의 조화가 어그러지기 시작했다. 이러한 부조화가 환경 문제로 발전한 것이다.

런던에서 발생한 스모그

19세기에 접어들어 기계가 일반화되자 공장에서 배출되는 오염물질이 공해 문제를 일으키기 시작했다. 소량의 대기오염물질은 대기가 지닌 정화 능력에 분해되므로 사람들의 생활에 악영향을 끼치지는 않는다. 하지만 그 양이 지나치게 많아지면 대기의 정화 능력이 미처 따라가지 못하게 된다. 그리고 사람들의 건강에 악영향을 미치기 시작한다.

대표적인 예로 영국 런던의 **스모그**가 있다. 연기를 뜻하는 smoke와 안개를 뜻하는 fog를 합쳐서 만든 단어다. 런던은 겨울이면 짙은 안개가 끼는 것으로 유명한데, 그 시기에 석탄을 태우자 석탄에서 나온 연기와 검댕이 안개에 섞이며 호흡기질환 등의 다양한 피해를 유발시켰다. 스모그는 집 안까지 침입했고, 눈이나 목에 통증을 호소하는 사람이 끊이지 않았으며, 수많은 사망자를 낳았다.

1952년. 스모그 때문에 희미하게 보이는 넬슨 기념비

환경 문제에 대한 최초의 대응, 대기정화법

최대 규모의 스모그 피해가 발생한 때는 뜻밖에도 18세기나 19세기가 아닌 20세기 중엽인 1952년 12월 5일이었다. 조사에 따르면 이 대기오염으로 발생한 사망자는 1만 2,000명에 달한다고 한다.

이날은 안개가 짙게 낀 영국 특유의 우중충한 날씨였기에, 딱히 여기에 주의를 기울인 지역 주민이 거의 없었다. 그러다가 그날 오후, 하늘이 점차 노랗게 변하더니 썩은 달걀에서나 날 법한 냄새가 감돌기 시작했다. 이튿날에도 자욱한 안개뿐만 아니라 쓰레기 냄새 같은 악취가 진동했고, 이 상태는 5일이나 이어졌다. 숨조차 제대로 쉬기 힘들어졌고, 같은 해 12월 9일에는 15만 명이나 되는 사람들이 입원하게 되었다고 한다.

이러한 경험이 1956년과 1968년의 **대기정화법** 제정으로 이어졌다. 대기정화법에 따라 공장 매연 배출 금지, 그을음을 유발하는 저질 연료에 대한 규제 등이 생겨났다. 그 외에도 오염물질로 인해 수질오염, 토양오염 등이 발생하면서 공해 문제에서 비롯된 피해는 심각해져갔다.

04

예전부터 사람들을 괴롭혀온 공해는?

1960년대부터 1970년대 사이의 일본은 지금으로써는 상상도 못할 정도로 환경이 오염되어 있었다. 런던의 스모그를 뛰어넘는 피해로 훨씬 많은 피해자가 발생한다.

아시오 동광 광독 사건

일본 도치기현의 아시오 동광에서 발생한 공해 문제는 일본의 공해 역사에서 첫 페이지를 장식한 사건으로 유명하다. 아시오 동광은 17세기 초부터 구리를 산출해왔는데, 인근 마을인 야나카무라에서 실제로 공해를 인식하게 된 때는 1880년대에 접어든 이후라고 한다. 메이지 시대(1867년부터 1912년까지 시기-옮긴이)에 진행된 식산흥업정책(당시의 일본 정부가 서양에 맞서 자본주의 육성을 위해 추진한 여러 가지 근대화 정책-옮긴이 주)의 흐름을 타고 기술이 개발되면서, 아시오 동광이 일본 최대의 구리 산지로 성장한 시기에 벌어진 일이다.

광석에서 구리를 떼어내고 남은 **폐기물이 홍수를 통해 와타라세강에 유출되면서 물고기의 수가 격감**했고, 나아가 농업에까지 막대한 피해를 끼쳤다. 정련소에서 피어오른 연기에는 아황산가스가 섞여 있었기 때문에 인근 산의 나무들은 말라죽어갔다. 헐벗은 산은 홍수를 일으켰고, 제철 과정에서 생기는 찌꺼기인 슬래그(slag, 광석으로부터 금속을 빼내고 남은 찌꺼기-옮긴이)가 또다시 유출되는 악순환이 되풀이됐다.

주민들은 지역 국회의원인 다나카 쇼조를 중심으로 정부에 광독(광물을 채굴·제련할 때 생기는 폐수나 매연에 들어 있는 독-옮긴이) 반대 청원을 제출했다. 하지만 식산흥업을 지상 목표로 삼았던 메이지 정부는 청원을 받아들이지 않았고, 결국 피해는 1970년대에 동광이 문을 닫을 때까지 이어졌다.

피해의 중심지였던 야나카무라는 폐촌으로 변했고, 현재는 간토 지방의 수원지 중 하나인 와타라세 유수지로 탈바꿈했다.

미나마타병과 니가타미나마타병

1956년경 일본 구마모토현 미나마타시 부근에서 미나마타병이 발견되었다. 1953년경부터 어업에 종사하는 가정에서 특이한 신경 증상을 보이는 환자가 유독 많이 나타나기 시작했으며, 경우에 따라서는 사망자까지 발생했다. 미나마타병의 증상은 손발이 저리고, 평형감각에 이상이 발생해 걷기가 힘들어지며, 심각해졌을 경우에는 경련, 정신착란을 일으켜 죽음에 이르게 된다.

대학 의학부 등에서 조사한 결과, 유기물과 수은이 화합된 메틸수은에서 비롯된 중독 증상임이 밝혀졌다. 인근 비료공장에서 미나마타만으로 버린 수은이 플랑크톤 따위를 통해 메틸수은으로 변화했고, 이 메틸수은이 먹이사슬을 거치며 어패류에 축적되었다. 그래서 어패류를 먹을 기회가 많은 어부들에게 유독 피해가 집중되었던 것이다.

피해자의 수는 알려지지 않았다. 다만 미나마타병은 일본 정부가 내놓은 해결책의 공식 대상자로 인정받은 사람만 1만 353명에 달하는 대규모 공해였다.

이후 니가타현의 아가노강 유역에서도 미나마타병과 비슷한 중독이 발견되었고, 이쪽은 **니가타미나마타병** 혹은 제2미나마타병으로 불리게 되었다. 원인은 아가노강 상류에 위치한 화학공장에서 배출된 수은이었다는 사실이 밝혀졌다.

이타이이타이병

이타이이타이병은 일본 도야마현의 진쓰강 유역에서 발견된 기묘한 증상에서 붙여진 이름이다. 이 병에 걸린 환자는 뼈가 점점 연약해지다 급기야는 기침 같은 약간의 힘에도 뼈가 부러져 밤낮으로 "아파, 아파(이타이, 이타이)"하고 고통을 호소하게 된다고 하여서 붙여진 이름이다.

원인은 진쓰강 상류에 있는 가미오카 광산에서 산출되는 아연을 정련할 때 배출되는 물이었다. 그 물에 섞여 있던 카드뮴이 수질과 토양을 오염시켰고, 식수나 농작물을 통해 인근 주민의 몸속으로 침입했던 것이다. 카드뮴 같은 중금속은 체내에 축적되다 그 총량이 일정 수치를 넘어섰을 때 비로소 증상을 일으킨다. 그러므로 중금속은 한번에 섭취하는 양이 적다고 안심해서는 안 된다. 꾸준히 섭취했다간 심각한 위험을 초래하는 것이다.

이타이타이병을 통해 토양오염이라는 개념이 세상에 드러났다. 카드뮴은 진쓰강의 강물을 오염시키는 데 그치지 않았다. 강바닥에서 새나온 오염수는 토양 속으로 스며들었고, 작물에 흡수되면서 농작물까지 카드뮴에 오염되었다.

욧카이치 천식

욧카이치 천식은 일본 미에현 욧카이치시에서 1960~1972년에 걸쳐서 대거 발생한 천식을 가리키는 용어이다. 당시에 욧카이치에서는 도카이 공업지대의 일환으로 욧카이치 석유화학단지라는 이름하에 각종 공장들을 유치했었고, 여러 대규모 공장에서 활발한 생산 활동이 한창이었다. 천식 환자는 특히 유아와 50대 이상의 고령자가 많았다고 한다.

조사 결과 특히 많은 환자가 발생한 지역과 욧카이치 석유화학단지에서 발생한 매연에 오염된 구역이 일치한다는 사실이 밝혀져, 매연이 원인으로 추정되었다. 자세히 조사해보니 공장에서 연료로 사

다양한 공해가 발생한 일본

용한 석유에 함유된 황(S)이 연소될 때 발생하는 황산화물, 다시 말해 SOx(삭스)라 불리는 물질이 원인이었다는 사실이 드러났다.

가장 먼저 취한 대책은 매연을 가능한 한 '광범위하게 퍼뜨려 농도를 낮출 목적'으로 높은 굴뚝을 만드는 것이었다. 높은 굴뚝은 욧카이치 석유화학단지의 상징적인 광경으로 자리 잡았지만, 눈에 띄는 효과는 보이지 못했다. 그저 확산시키기만 했을 뿐 근본적인 해결책은 되지 못했던 것이다.

사태는 **연소장치에 탈황설비를 달아 유황분을 제거**하면서 개선되었다. 이와 같은 설비가 보급된 것은 탈황설비를 설치하면서 저렴한 가격으로 황을 입수할 수 있게 되었기 때문이라고 한다. 필요로 하는 회사에 탈황설비를 판매하면 유지, 보수비가 나가기는커녕 오히려 이익까지 거둬들일 수 있는 것이다.

그 덕분에 유황광석의 수요가 사라졌고, 일본의 유황광산은 폐광의 길을 걷게 되었다고 한다.

가미오칸데

2002년 고시바 마사토시 도쿄대 명예교수가 '우주 뉴트리노의 검출'로 노벨물리학상을 수상했다. 2015년에는 가지타 다카아키 도쿄대 교수가 '뉴트리노의 질량 확인'으로 노벨물리학상을 수상했다.

고시바 명예교수의 연구는 일본의 연구시설 '가미오칸데(영어로 표기하면 KamiokaNDE로, NDE는 각각 핵자(Nucleon) 붕괴(Decay) 실험(Experiment)의 머리글자에서 따온 것이다-옮긴이)'를 이용해 실시한 것이었다. 이 시설은 이타이이타이병으로 널리 알려진 기후현 가미오카초에 있던 가미오카 광산의 갱도를 이용해 지었다. 지하 1,000m에 위치해 있으며, 지름은 15.6m 높이 16m에 달하는 가미오칸데의 수조에는 3,000톤이나 되는 초순수(超純水)가 담겨 있다. 수조 안쪽에는 약 1,000개의 광센서가 배치되어 있다. 뉴트리노(소립자의 일종-옮긴이)가 수조 안으로 들어오면 물속의 전자 따위와 충돌해 미약한 빛을 발산한다. 이 빛을 센서로 포착해 뉴트리노의 행동을 분석하는 것이다.

가지타 교수의 연구는 가미오칸데의 성능을 한층 높인 슈퍼 가미오칸데를 이용하여 진행되었다. 과거에는 공해의 원인이었던 광산이 지금은 최첨단 연구에 공헌하고 있는 셈이다.

05

음식물과 약도 환경 문제를 일으킬까?

대부분의 공해는 아무도 모르는 사이에 진행되고, 눈치챘을 때는 이미 심각한 피해가 발생한 경우가 많다. 이 중에는 사고로 중대한 피해가 발생한 사례도 있다.

모리나가 비소 분유 사건

1955년, 어느 날 갑자기 서일본 일대의 수많은 아기들의 피부가 검게 변하고 배가 부풀어 오르는 해괴한 일이 발생했다. 결국 1만 2,000명 이상이 간 비대 등의 증상을 일으켰고, 확실히 밝혀진 경우만 따지더라도 130명의 유아가 사망했다. 조사 결과 비소 중독이라는 사실이 드러났다. 모리나가 유업에서 제조된 분유에 비소가 섞여 있었던 것이다. 바로 **모리나가 비소 분유 사건**이었다.

원인은 분유를 제조할 때 원유안정제로 사용하는 제2인산소듐(Na_2HPO_4)에 **섞여 들어간 맹독, 비소(As)** 때문이었다. 모리나가는 '제2인산소듐은 다른 원료회사로부터 구입한 것이므로 모리나가에는 책임이 없다'라는 입장을 취했다. 하지만 모리나가가 구입한 제2인산소듐의 품질을 자체적으로 검사하지 않은 채, 그대로 분유에 사용했다는 사실이 알려졌다. 따라서 식품 제조업체로서 윤리적 책임을 져야만 했다.

당초 비소 중독은 후유증이 없다고 여겨졌기에 환자는 오랫동안 그대로 방치되었다. 하지만 이후 14년에 걸친 추적 조사 결과, 심각한 후유증이 남았다는 사실이 드러나면서 심각성을 새삼 인식하게 되었다.

가네미 유증 사건

1968년에 일본 후쿠오카현, 나가사키현 등 서일본을 중심으로 원인을 알 수 없는 피부질환이 발생했다. 증상은 얼굴에 특이한 형태의 여드름, 색소침착, 전신에 나타나는 권태감 등이었다. 바로 **가네미 유증** 사건이다.

조사 결과, 원인 물질은 **PCB**(폴리염화페닐)라는 사실이 밝혀졌다. PCB는 환자가 섭취한 가네미사의 미강유(쌀겨 기름)에 함유되어 있었다. 당시 미강유를 제조할 때 탈취 공정에서 미강유에 스테인리스 파이프를 넣은 뒤, 그 안에 열매체(열 전달에 사용되는 물질의 총칭-옮긴이)로 PCB를 순환시켜서 가열하고 있었다. 그런데 이 파이프에 미세한 구멍이 뚫리면서 PCB가 유출되었던 것이다. 이 사건으로 PCB의 독성이 알려졌고, 이후로 제조 및 사용이 금지되었다.

PCB는 자연 상태에서는 존재하지 않는 합성화학물질이다. 산과 염기는 물론 고온에도 강하고, 변질되지 않으며 절연성이 높다. 이와 같은 성질을 이용해 절연유, 열매체, 잉크 용제, 복사지의 마이크로캡슐 등 다방면에서 사용되었다.

엄청난 양의 PCB가 제조 및 사용이 금지되기 전까지 사용되었다. 심지어 **PCB는 안정적이며 변질되지 않기 때문에 분해조차 되지 않는다.** 따라서 훗날 분해법이 발견되기까지 각 사업장에서 보관하게 되었다.

그러다 마침내 최근 임계 상태의 물을 사용하면 PCB가 효과적으로 분해된다는 사실이 드러났다. PCB가 사라질 날도 코앞까지 다가온 모양이다.

탈리도마이드 사건

탈리도마이드 사건은 **약인 줄 알았던 물질이 알고 보니 무서운 독성을 지니고 있었던 사건**이다. 부작용의 차원을 넘어선 수준이었다.

탈리도마이드는 서독의 제약회사인 그루넨탈이 1957년에 수면제로 판매한 약품이었다. 하지만 얼마 지나지 않아 무시무시한 사실이 밝혀졌다. 어느 임산부가 이 약을 복용한 결과 바다표범처럼 사지가 기형적으로 짧거나 없는 아기가 태어난 것이다. 이 약의 피해는 전 세계로 퍼졌고, 사산을 포함해 약 5,800명의 피해자가 발생했다. 일본에서도 약 300명의 피해자가 발생했다. **탈리도마이드**는 그렇게 제조 및 사용이 금지되었다.

탈리도마이드의 구조는 〈그림 5-1〉과 같다. A를 거울에 비추면 B가 된다. 이는 오른손을 거울에 비추면 왼손이 되는 것과 마찬가지로, 이와 같은 현상을 **광학이성질체**(혹은 거울상이성질체)라고 한다. 하지만 오른손과 왼손이 다르듯, 서로 다른 화합물이다.

탈리도마이드의 경우 한쪽은 최면작용이 있었지만, 다른 한쪽은 최기형성(태아기에 작용하여 기형을 유발하는 성질-옮긴이)이 있었던 것이다. 탈리도마이드는 몸 안으로 들어가면 A는 B로, B는 A로 변하는

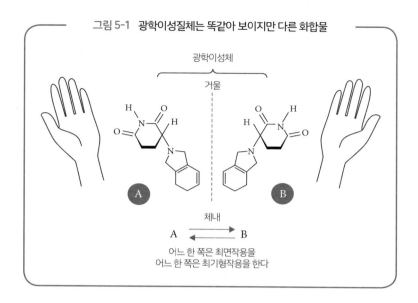

그림 5-1 광학이성질체는 똑같아 보이지만 다른 화합물

광학이성체

거울

A

B

체내

A ⟶ B

어느 한 쪽은 최면작용을
어느 한 쪽은 최기형작용을 한다

상호 변환을 거치며 혼합물이 된다. 한쪽만 분리해 복용한다 해도 아무런 소용이 없는 것이다.

그런데 이후 탈리도마이드가 암, 에이즈, 류머티즘 등에 효과가 있다는 사실이 밝혀지면서 의사의 엄격한 관리하에 사용되는 경우도 생겨났다.

스몬병 사건

1960년대부터 1970년대에 걸쳐, 그전까지 찾아볼 수 없었던 증상의 질병이 일본에 전국적으로 발생했다. 극심한 복통이 발생하고 2~3주 후에는 하반신이 저리다 힘이 빠져 잘 걷지 못하게 되는 증상이었다. 급기야는 시력 장애를 일으키기도 했다.

처음에는 원인을 알 수 없는 풍토병으로 받아들여졌고, **스몬병**이라는 병명이 붙여졌다. 원인이 밝혀지지 않자 바이러스가 원인이라는 말까지 나왔다. 그러나 조사 결과 **원인은 키노포름이라는 약 때문이었다**는 사실이 밝혀졌다.

키노포름은 살균성을 지닌 연고로, 1889년 스위스에서 개발된 약품이다. 일본에서도 제2차 세계대전 이전부터 생산되고 있었으나, 용도는 소독약과 아메바성 이질 치료(내복약)로 한정되어 있었다.

스몬병을 연구한 결과, 이 병은 키노포름을 정장제(장의 기능을 개선시키기 위해 복용하는 약품-옮긴이)로 복용했을 때 발생하는 신경장애임이 밝혀졌다. 피해자만 1만 1,000명에 달하는, 유례가 없는 대형 의약품 사고였다.

환자들은 키노포름을 제조 및 판매했던 제약회사와 사용을 허가한 정부에 책임을 물었고, 소송이 벌어졌다. 결국 원고인 환자와 피고인 국가, 다케다 약품 사이에 합의가 성립되었고, 피고 측은 잘못을 인정했다.

그러나 최종적으로 합의가 성립된 것은 사건으로부터 30년이나 지난 1996년이었다.

환경호르몬 사건

20세기가 막을 내릴 무렵, **환경호르몬**이라는 단어가 뉴스에서 대대적으로 거론되었다. '호르몬'은 몸 안에서 만들어지며 세포 간의 정보 전달에 이용되는 물질이다. 환경 내부에 호르몬과 유사한 행동을 보이는 화학물질이 존재한다는 이야기가 퍼지면서, 이들에게 '환경호르몬' 혹은 '내분비교란물질'이라는 이름이 붙었다.

호르몬이 동물의 대사, 성장, 생식 등을 조절한다는 사실에서 비롯해 환경호르몬이 어린이나 정자의 수에 악영향을 끼치는 등 인체에 장애나 유해한 영향을 초래할지도 모른다는 불안감이 사회에 팽배해졌다.

다이옥신 사건

1970년대, 미국은 베트남전에서 게릴라를 소탕하기 위해 베트남 정글에 대량의 제초제를 살포했다. 그 결과 살포 구역에서 기형아가 태어났고, 그 원인은 제초제에 불순물로 함유된 다이옥신 때문이라는 설이 대두되었다. **다이옥신**의 독성이 뉴스의 주된 주제로 자리 잡았다. 다이옥신은 폴리염화비닐처럼 염소를 함유한 유기물을 400℃ 이하 저온에서 소각할 때도 발생한다. 그래서 일본의 모든 쓰레기 소각로는 800℃ 이상으로 소각하는 시설로 교체되었다.

다이옥신류는 '청산가리보다도 독성이 강하다'고도 하지만, 이는 일상생활에서 섭취하는 양의 수십만 배를 한 번에 섭취했을 경우의 급성 독성이다. 다이옥신류는 의도적으로 만들어지는 물질이 아니며, 실제로 환경에 유출되거나 식품에 함유되는 양은 매우 적다. 그렇기 때문에 일상생활에서 걱정할 필요는 없다. WHO(국제보건기구)에서는 다이옥신류 중에서 가장 독성이 강한 물질은 사고 등을 통해 고농도에 노출되었을 경우 암을 유발할 수 있다고 말한다. 하지만 이 또한 다이옥신 자체가 암을 유발하는 것이 아니라 다른 발암물질에 따른 발암작용을 촉진하는 정도이다.

현재 우리 주변의 일반적인 오염 수준에서 보면, 다이옥신류 때문에 암에 걸릴지도 모른다는 생각은 불필요한 걱정으로 보인다.

제 2 장

지구 온난화의

원인과 진행 방식

06 방출 에너지와 입사 에너지의 절묘한 균형?

지구의 온도는 어떻게 일정하게 유지되고, 그 안에서 생물이 살 수 있는 것일까? 이는 에너지의 균형을 측정하는 정교한 장치가 지구 안에 있기 때문이다.

최근 기후 변화가 심해진 느낌이다. 극단적으로 더워지거나, 반대로 극단적으로 추워지거나, 혹은 몇 십 년 만의 폭우가 2년 연속으로 쏟아지기도 한다. 이쯤 되니 기상청에 보존된 자료의 가치가 흐려지지는 않을까 하는 쓸데없는 걱정까지 들 지경이다. 이와 같은 현상이 발생할 때마다 머릿속에 떠오르는 단어가 있으니, 바로 **지구 온난화**이다. 하다못해 좀 천천히 따뜻해졌으면 싶은데, 자연이란 녀석은 좀처럼 사람 마음을 몰라주는 모양이다.

지구라는 방이 따뜻해지는 이유는 어딘가에 설치된 스토브나 히터에서 따뜻한 공기가 흘러나오기 때문이 아니다. 그렇다면 왜 새삼스럽게 지구가 필요 이상으로 따뜻해지는 현상이 발생하는 것일까?

우리를 둘러싼 지구 환경은 사실 대단히 절묘한 균형 위에 성립되어 있다. 따라서 **일부의 변화가 일부를 넘어 전체에까지 영향을 미치는 것**이다. 이러한 사례가 확산되면 급기야 **지구 전체의 환경에 불균형을 초래**하게 된다.

지구에는 태양으로부터 열에너지와 빛에너지라는 형태로 막대한 에너지가 날아들고 있다. 이 에너지는 태양에서 벌어지고 있는 원자 핵융합에 따른 결과물이다. 그럼에도 불구하고 지구가 달아올라 펄 펄 끓지 않는 이유는 지구가 태양으로부터 받은 에너지를 우주 공간 으로 퍼뜨리기 때문이다. 만약 태양으로부터 받는 에너지가 지나치 게 많아지면, 지구는 녹아내려서 용암 덩어리로 변해버릴지도 모른 다. 반대로 에너지가 너무 적으면, 지구는 차게 굳은 돌덩어리로 변해 버릴 것이다.

　지구의 온도가 일정하게 유지되어 지금처럼 생물이 나고 자랄 수 있는 것은, 에너지의 균형을 측정하는 정교한 장치가 지구 안에서 착 실하게 그 사명을 다하고 있기 때문이다.

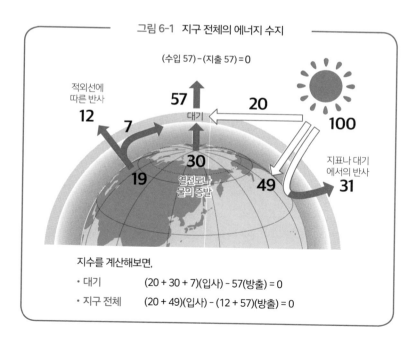

그림 6-1　지구 전체의 에너지 수지

(수입 57) – (지출 57) = 0

적외선에
따른 반사
12

57
대기

20

100

7

30
열전도나
물의 증발

49

지표나 대기
에서의 반사
31

19

지수를 계산해보면,
・대기　　　　(20 + 30 + 7)(입사) - 57(방출) = 0
・지구 전체　　(20 + 49)(입사) - (12 + 57)(방출) = 0

〈그림 6-1〉에 지구에서의 **에너지 균형**이 나타나 있다. 태양은 지구로 막대한 양의 에너지를 보낸다. 그 에너지를 나타낸 것이 그림의 하얀 화살표이다. 그 총량을 100이라고 가정하겠다. 태양에너지의 약 31%는 지표나 구름에 반사되어 차단당하기 때문에 지표에 도달하는 양은 약 49%이다. 나머지 20%는 대기 중에 축적된다. 즉 대기를 포함해 지구에 도달하는 에너지는 실질적으로 69%인 셈이다.

대기와 지표는 서로 에너지를 주고받는데, 지구에 도달한 에너지는 이윽고 우주로 방출된다. 이는 녹색의 화살표로 나타나 있다.

따라서 대기에서 57%, 지표에서 12%, 도합 69%가 방출된다. 다시 말해 **지구에서 방출되는 에너지의 총합은 지구로 유입된 에너지와 동일하다는 뜻**이다. 덕분에 지구는 열에 대해 정상상태(시간적으로 보았을 때 변화하지 않는 상태-옮긴이)를 이루어 거의 동일한 온도를 꾸준히 유지할 수 있다.

지구는 이처럼 놀라운 균형 위에 성립되어 있기 때문에 생명체 역시 성장할 수 있는 것이다.

07

21세기 말에는 낮은 땅이 물에 잠긴다고?

이대로 온난화가 진행되면 대부분 바다와 가까운 전 세계 대도시들은 매우 위험해진다. 또 다른 이탈리아의 베네치아가 재현될 수도 있다.

지구의 온도는 과거 수만 년 동안 일정한 주기를 그리며 온난화와 한랭화를 반복해온 것으로 보인다. 그러나 최근에는 이 주기와는 무관하게 기온이 높아지고 있는 듯하다. 이러한 현상을 지구 **온난화**라고 한다.

〈그림 7-1〉은 최근 약 120년간 지구의 평균 온도가 어떻게 변해가고 있는지 나타낸 표이다. 큰 변동이 없었던 지구의 온도가 1920년경부터 상승하는 경향을 보이고 있다. 1980년경부터는 그 경향이 특히 뚜렷해졌음을 알 수 있다.

〈그림 7-2〉에는 인류사를 한층 더 거슬러 올라가, 과거 2000년에 걸친 대기 중의 온실가스 농도가 나타나 있다. 1750년(산업혁명) 이후로 증가한 온실가스는 공업화 시대를 맞이한 인간의 활동이 낳은 산물이라 해도 과언이 아니다.

지구 온난화의 영향이 기온 상승으로만 나타나지는 않는다. **훨씬 심각한 문제는 해수면의 상승이다.** 과거 100년 사이에 해수면이 약 10~20cm나 높아졌다고 한다. 지구 온난화에 따른 결과이다.

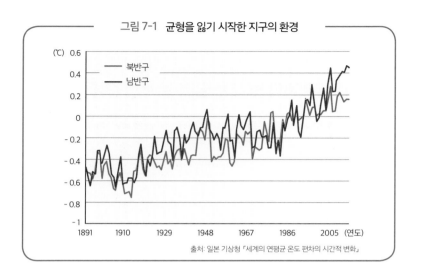

그림 7-1 균형을 잃기 시작한 지구의 환경

북반구
남반구

출처: 일본 기상청 「세계의 연평균 온도 편차의 시간적 변화」

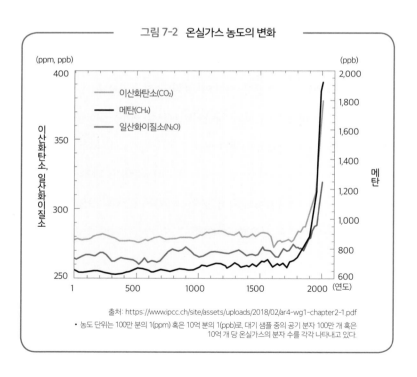

그림 7-2 온실가스 농도의 변화

이산화탄소(CO_2)
메탄(CH_4)
일산화이질소(N_2O)

출처: https://www.ipcc.ch/site/assets/uploads/2018/02/ar4-wg1-chapter2-1.pdf
• 농도 단위는 100만 분의 1(ppm) 혹은 10억 분의 1(ppb)로, 대기 샘플 중의 공기 분자 100만 개 혹은
 10억 개 당 온실가스의 분자 수를 각각 나타내고 있다.

이 중에서 남극대륙의 얼음이나 빙하의 얼음이 녹으면서 상승한 수치는 2~4cm로, 다시 말해 20%에 불과하다고 한다. 나머지 10cm 이상은 **기온이 높아지면서 바닷물의 부피가 팽창하여 해수면이 상승한 결과**로 보고 있다.

이대로 계속 진행된다면 21세기 말에는 평균 기온이 2℃ 높아지게 될 것으로 예상된다. 그러면 남극대륙 위의 얼음이나 빙산이 녹아 바다로 흘러들게 된다. 이는 바닷물의 증가로 직접 연결되니, 해수면 상승은 불 보듯 뻔한 일이다. 게다가 그 바닷물이 열팽창을 일으킨 덕분에 해수면이 약 50cm나 상승하게 된다고 한다.

요컨대 현재 표고가 50cm보다 낮은 육지는 21세기 말이면 바다로 변하고 만다는 뜻이다. 전 세계 대도시들은 대부분 바다와 가까우며 표고가 매우 낮은 지역에 위치해 있다. 21세기 말에는 전 세계에 이탈리아 베네치아 같은 광경이 펼쳐질지도 모르겠다.

08

석유 1g이 타면
3g의 이산화탄소가 배출된다고?

이산화탄소는 지구 온난화에 가장 큰 영향을 끼치는 원인물질이며, 주로 화석연료 연소 시에 많이 발생한다.

흔히 지구가 따뜻해지는 이유는 '어떠한 기체가 대기 중에서 증가하여, 그 **기체가 태양에너지를 가둬두기 때문**'이라고 말한다. 이 기체의 효과는 마치 온실을 연상시키기 때문에 **온실효과**라고 불린다. 그리고 이와 같은 효과를 지닌 가스를 일반적으로 온실가스라고 부른다.

어떤 물질 1g의 온도를 1℃ 올리는 데 필요한 열량을 **비열**이라고 한다. 비열이 큰 물질은 열을 저장하는 성질이 강하여 잘 데워지지 않으며 잘 식지도 않게 된다. 지구 온난화를 초래하는 원인은 **비열이 큰 기체가 태양의 에너지를 에워싸 우주로 빠져나가지 못하게끔 막기 때문**이다.

기체(가스)가 지구의 온난화에 기여하는 척도를 **지구 온난화 지수**라는 수치로 정의하고 있다. 〈그림 8-1〉은 몇몇 가스의 지구 온난화 지수를 정리한 것이다. 지구 온난화 지수는 이산화탄소(탄산가스)를 기준으로 정해지므로, 이산화탄소가 1이 된다. 온실가스란 '지구 온난화 계수가 큰 기체'라고 볼 수 있다. 도표에는 온실가스가 지구온난화에 직간접적으로 얼마나 기여하고 있는지 나타나 있다.

그림 8-1   이산화탄소, 메탄 등의 지구 온난화 지수

	화학식	분자량	산업혁명 이전 농도	현재 농도	지구 온난화 계수
이산화탄소	CO_2	44	280ppm	358ppm	1
메탄	CH_4	16	0.7ppm	14.7ppm	26
일산화이질소	N_2O	44	0.28ppm	0.31ppm	296
대류권 오존	O_3	48	—	0.04ppm	204
프레온류	CF_mCl_n	—	0	—	수십~수만

　도표를 보면 각종 기체 중에서 **이산화탄소가 특히 온실효과가 크다**는 사실을 알 수 있다. 이산화탄소는 본래 지구의 대기 중에 존재하며 그 양은 거의 일정했다. 이는 화산가스에 포함되거나 화재 등을 통해 새롭게 생성된 양, 식물의 광합성을 통해 소비되는 양이 맞물려 균형을 이루고 있었기 때문이다.

　하지만 〈그림 8-2〉를 보면 알 수 있듯이, 그 양은 산업혁명 이후로 확연히 증가하고 있다. 이는 인류가 석탄, 석유 등의 화석연료를 사용하기 시작한 때와 일치한다.

　〈그림 8-3〉의 원형 그래프를 살펴보면, 이산화탄소 다음으로 메탄이 많음을 알 수 있다. 이는 습지나 그 외의 토양에서 배출되는 메탄 외에도 동물이나 흰개미의 장내 발효를 통해 생성된 메탄, 혹은 각종 세균이 유기물을 분해하여 변화시킨 메탄 등에서 유래한다. 이러한 세균의 활동은 바이오에너지의 일환으로, 인간 역시 활용할 방안을 모색 중이다.

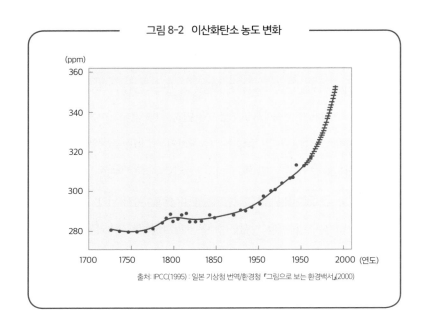

그림 8-2 이산화탄소 농도 변화

(ppm)

출처: IPCC(1995) : 일본 기상청 번역/환경청 『그림으로 보는 환경백서』(2000)

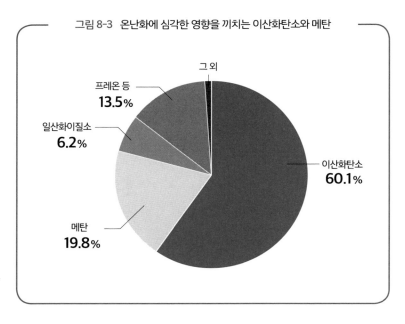

그림 8-3 온난화에 심각한 영향을 끼치는 이산화탄소와 메탄

그 외

프레온 등
13.5%

일산화이질소
6.2%

이산화탄소
60.1%

메탄
19.8%

지구온난화에 가장 큰 영향을 끼치는 원인물질은 이산화탄소라고 한다. 이산화탄소는 화석연료를 연소시킬 때 주로 발생한다. 화석연료의 대표주자인 석유가 연소되면 대체 얼마나 많은 이산화탄소가 발생하는지, 간단한 계산을 통해 살펴보자.

석유는 탄소(C)와 수소(H)가 화합된 물질로, 분자식으로 간단히 표기하자면 $(CH_2)_n$이다.

'석유가 탄다'는 말은 석유 속 탄소가 산소와 반응하여 이산화탄소(CO_2)가 된다는 뜻으로, 반응식은 다음과 같다.

$$(CH_2)_n + \left(\frac{3n}{2}\right)O_2 \longrightarrow nCO_2 + nH_2O$$

즉, 1개의 석유 분자에는 n개의 탄소 원자가 함유된다. 그러므로 1개의 석유 분자에서는 n개의 이산화탄소 분자가 발생하는 셈이다. 탄소, 수소, 산소의 원자량은 각각 12, 1, 16이다. 그러면 CH_2 원자단의 분자량은 '$12+1\times2=14$'가 되고, 석유의 분자량은 그 n배이니 $14n$이 된다.

한편 이산화탄소의 분자량은 CO_2이므로 '$12+16\times2=44$'가 된다. 석유 1분자에서 n개의 이산화탄소가 발생하니 이산화탄소의 분자량은 도합 $44n$이 된다.

즉 $14n\,g$의 석유가 연소되면 $44n\,g$의 이산화탄소가 발생하는 것이다. 이는 **석유가 타면 석유보다 3배나 많은 양의 이산화탄소가 발생함**을 의미한다.

석유의 비중(물을 1로 보았을 때의 무게)을 0.7로 잡으면, 20L의 물통

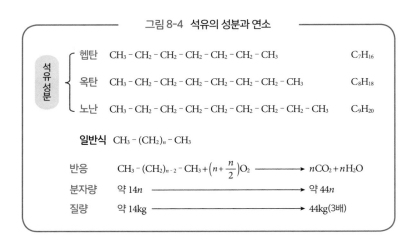

그림 8-4 **석유의 성분과 연소**

석유 성분
- 헵탄 $CH_3 - CH_2 - CH_2 - CH_2 - CH_2 - CH_2 - CH_3$ C_7H_{16}
- 옥탄 $CH_3 - CH_2 - CH_2 - CH_2 - CH_2 - CH_2 - CH_2 - CH_3$ C_8H_{18}
- 노난 $CH_3 - CH_2 - CH_2 - CH_2 - CH_2 - CH_2 - CH_2 - CH_2 - CH_3$ C_9H_{20}

일반식 $CH_3 - (CH_2)_n - CH_3$

반응 $CH_3 - (CH_2)_{n-2} - CH_3 + \left(n + \dfrac{n}{2}\right)O_2 \longrightarrow nCO_2 + nH_2O$

분자량 약 $14n$ $\longrightarrow$ 약 $44n$

질량 약 14kg $\longrightarrow$ 44kg(3배)

에는 14kg의 석유가 들어 있는 셈이다. 이 석유를 태우면 44kg의 이산화탄소가 발생하게 된다. 석유보다 3배나 무거운 이산화탄소가 발생한다는 뜻이다. 혼자 들기에는 너무 무거운 무게이다. 부피로 따지면 약 $7.5m^2$ 방의 부피와 비슷하다.

지구 온난화 계수 자체는 높지 않음에도 이산화탄소가 지구 온난화의 원인으로 문제시되는 이유는, 화석연료를 태울 때 이처럼 대량의 이산화탄소가 발생하기 때문이다. 현재 **탄소 재활용** 기술을 추진하려는 움직임을 보이고 있다. 이산화탄소를 탄소 자원(카본)으로 회수하여 다양한 탄소화합물로 재이용하는 것이다. 대기 중으로 방출되는 이산화탄소를 삭감하고 신종 자원의 안정적인 공급원을 확보하는 것 역시 목표로 삼고 있다.

09

지금이 간빙기라면
이산화탄소는 누명을 쓴 것일까?

지구는 따뜻한 시기와 추운 시기가 교대로 반복되다가 지금에 이르렀다. 그렇다면 우리가 살고 있는 현재는 어느 시기라고 할 수 있을까?

현재 지구 온난화는 인간의 활동으로 말미암아 발생한 현상으로 받아들여지며, 세계 각국의 대처가 요구되는 상황이다.

하지만 지구의 온도는 과거에도 계속해서 변동해왔다. 이는 인간의 활동은 물론이거니와 여타 다른 동물의 활동에 따른 결과도 아니다. 아마도 지구 스스로의 활동에 따른 자율적인 온도 변화로 보인다. 지구의 온도는 따뜻한 시대와 추운 시대가 교대로 반복되면서 지금에 이르렀음이 널리 알려져 있다. 이때 추운 시대를 우리는 **빙하시대**라고 부른다.

지구 역사에서 보면 현재는 빙하시대로, 250만 년 전부터 이어진 '제4기 빙하시대'라고 한다. 빙하시대라 해도 항상 추운 날씨가 이어지는 것이 아니라 한랭한 **빙기**와 온난한 **간빙기**가 번갈아 찾아온다. 현재는 그중에서 간빙기로, 1만 1000년 전에 시작되었다고 한다.

〈그림 9-1〉에 과거의 빙기와 간빙기의 기간이 나타나 있다. 짧으면 2만~3만 년, 길면 10만 년 넘게 이어졌으며, 규칙성은 보이지 않는다. 즉 지금의 간빙기가 슬슬 끝을 향해 달려갈지, 아니면 앞으로도 몇

그림 9-1 빙기와 간빙기

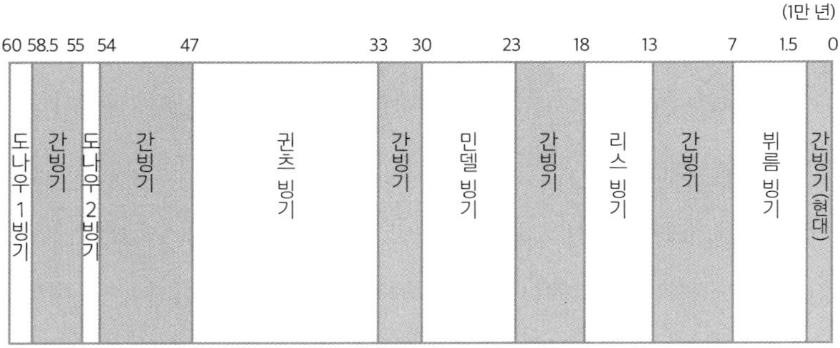

(1만 년)

60 58.5 55 54 47 33 30 23 18 13 7 1.5 0

도나우1빙기 / 간빙기 / 도나우2빙기 / 간빙기 / 귄츠빙기 / 간빙기 / 민델빙기 / 간빙기 / 리스빙기 / 간빙기 / 뷔름빙기 / 간빙기(현대)

• 빙하시대 중 빙하가 발달하는 한랭한 시기를 빙기, 그리고 빙기와 빙기 사이의 비교적 온난한 시기를 간빙기라고 한다.

만 년 넘게 이어질지는 아무도 모른다는 뜻이다.

현재가 간빙기의 마지막에 가까워졌다면 기온은 빙기를 향해 떨어질 것이다. 반대로 만약 간빙기가 앞으로 수만 년 넘게 이어진다면, 온도는 지금의 수준을 유지하거나 상승할지도 모른다. 후자라면 지구의 온난화는 지구의 자율적인 변화라는 뜻이 되니, 애꿎은 이산화탄소만 억울한 누명을 쓴 셈이 되고 만다.

온난화는 우연일까?
지구 자전축 변화나 맨틀의 대류 때문일까?

지구 온난화의 진짜 원인은 무엇일까? 학계에서도 여러 가지 의견과 고찰이 이어지고 있는데, 확실한 건 지구의 이산화탄소 농도가 높다는 것이다.

몇 년 전만 하더라도 '지구는 따뜻해지고 있지 않다'는 목소리도 들려왔지만, 최근에는 그런 말을 듣기 힘들어졌다. 남극의 얼음이 녹아내리는 것을 보면 지구는 확실히 따뜻해지고 있는 듯하다. 그렇다면 지구 온난화의 원인은 무엇일까?

앞에서 나온 그래프(《그림 8-1》)를 보았듯이 산업혁명 이후로 이산화탄소의 농도가 높아지고 있는 것은 분명하다. 하지만 상관관계가 있다 해서 인과관계까지 단정할 수는 없다. 다시 말해 '지구 온난화는 모두 이산화탄소 농도의 증가가 원인'이라고 확정 지을 수는 없다는 뜻이다. 지구의 온도와 이산화탄소의 농도가 상승하는 경향은 우연일 뿐, 지구 온난화의 진짜 원인은 이산화탄소 농도의 상승 외에 따로 있을지도 모르기 때문이다.

관측 자료에 따르면 기온의 상승과 이산화탄소 농도의 상승은 거의 동시에 일어나고 있지만, 자세히 살펴보면 기온이 먼저 상승한다고 한다. 이는 중요한 의미를 담고 있다.

이산화탄소는 대단히 물에 잘 녹는 기체로, 바닷속에 거의 무한에 가까운 양이 녹아 있다. 이산화탄소뿐 아니라 물에 녹는 기체의 양은 온도가 높아지면 줄어든다. 설탕과 같은 고체는 온도가 높아질수록 많은 양이 녹지만, 반대로 **기체는 온도가 높아지면 물에 잘 녹지 않게 되는 것이다.** 여름이면 어항 속 금붕어가 수면에 고개를 내밀어 공기를 들이마시는 이유는 물에 녹아 있는 공기(산소)의 양이 줄어들었기 때문이다.

즉 **기온이 상승하면 바닷물에 녹아 있던 이산화탄소가 공기 중으로 방출**된다는 말이다. 그 결과 이산화탄소의 농도가 상승하게 된다. 이산화탄소의 온실효과로 기온은 더욱 높아지고, 그에 따라 더욱 많은 이산화탄소가 해수면 밖으로 방출되는, 이른바 포지티브 피드백(positive feedback)이 걸리는 것이다.

남극과 북극의 '극'은 시대에 따라 변화한다. 다시 말해 지구의 자전축은 오랜 세월 기울기가 변화한다는 뜻이다. 이것이 바로 **자전축의 변화**이다. 그와 동시에 지구가 태양 주변을 도는 공전면의 방향 역시 변화한다.

두 방향이 변화한 결과, 빙기와 간빙기가 생겨난다고 한다. 이러한 사고방식에 입각해 천문학적인 계산을 해보면 다음으로 찾아올 빙기는 2~3만 년 뒤라고 한다. 그렇다면 현재는 한창 간빙기를 보내고 있는 셈이다.

지구는 인류의 활동과 무관하게 따뜻해지고 있을지도 모른다. 이는 다시 말해 지금의 지구 온난화는 지구의 자율적 변화일지도 모른다는 뜻이다.

현재는 상식으로 받아들여지고 있는 판 구조론이 탄생한 때가 1960년이었다. 의외라 생각할지 모르지만 불과 반세기 전의 일이었다. 판 구조론은 대륙이 이동한 결과, 지진과 화산 분화가 발생하고 대륙이 충돌하고 소멸하는 거대한 규모의 사건이 연속적으로 벌어지면서 대륙이 변화한다는 이론이다.

판이 이동하는 원인으로 2가지를 생각해볼 수 있다. 하나는 맨틀에 놓인 판이 자신의 무게 때문에 가라앉기 때문이다. 또 다른 하나는 맨틀의 대류에 따라 그 위에 놓인 판이 이동하기 때문이다.

즉 맨틀이 흐른다는 뜻이다. 맨틀의 대류는 지구의 지자기(지구가 지닌 자기적인 성질-옮긴이)에 영향을 받았을 것이며, 맨틀의 부분적 온도차에서 비롯된 비중의 차이에도 영향을 받았을 것이다. 이는 맨틀의 이동이 지구의 표면 온도에까지 영향을 끼칠 가능성도 있다는 말이 되는 것이다.

지구 온난화의 진정한 원인은 무엇일까? 이산화탄소의 인위적 발생일까, 자전축 등의 변동과 같은 천문학적 영향 때문일까? 아니면 맨틀의 대류라는 지구의 지리적 변화에서 비롯된 결과일까? 그도 아니라면 전혀 다른 이유가 있는 것일까?

당분간은 지적 흥분으로 가득한 과학적 고찰이 이어질 듯하다. 하지만 결론이 어떻게 나든 현재의 이산화탄소 농도가 높다는 사실만큼은 분명하다. 지구 온난화 문제를 떠나서 이산화탄소를 줄여야만 한다는 사실만큼은 확실한 듯하다.

제 **3** 장

지구의 물을 둘러싼

환경 문제

11

지구 기후를 유지시키는 심층 대순환이란?

바닷물의 대규모 이동은 지구상의 온도차를 해소시키는 등 기후 변동에 결정적인 역할을 한다.
그래서 과거 1만 년 동안 지구 기온이 큰 변동이 없었다.

물의 행성 지구

지구는 지름 약 1만 3,000km의 구 형태로, 표면적은 1억 8,000만 km²이다. 하지만 그중에서 71%는 바다이다. 지구는 **물의 행성**이라 불릴 정도로 물이 많은 것이다. 지구에 있는 물의 총량은 14억km³ 바다의 평균 깊이는 3,800m나 된다.

〈그림 11-1〉은 지구상에 존재하는 물의 종류(바닷물, 지하수, 빙하 등)를 나타낸 것이다. 물 전체 무게 중 96.5%는 바닷물이고 담수, 즉 민물은 2.53%에 불과하다. '물의 행성'이라고는 해도 대부분은 바닷물, 다시 말해 염수(소금물)인 셈이다.

게다가 〈그림 11-2〉의 원형 그래프에 나와 있듯이, 담수의 70%는 빙하 등의 얼음이다. 그다음으로 많은 것이 지하수이다. 이것이 전체 담수의 98%를 차지한다. 담수라는 말에 우리가 가장 먼저 떠올리는 강이나 호수, 늪지의 물은 채 0.01%도 되지 않는다.

물의 특징은 순환한다는 점이다. 물은 추우면 고체인 얼음이 되고, 실온에서는 액체가 되며, 고온에서는 기체인 수증기가 된다. 이를 **물의**

그림 11-1   지구의 물은 대부분 바닷물

종류		양 (1,000km³)	전체 수량에 대한 비율(%)	전체 담수량에 대한 비율(%)
바닷물		1,338,000	96.5	
지하수		23,400	1.7	
	염수	12,870	0.94	
	담수	10,530	0.76	30.1
토양 내부의 물	담수	16.5	0.001	0.05
빙하 등	담수	24,064	1.74	68.7
영구동결층 지역 지하의 얼음	담수	300	0.022	0.86
호수		176.4	0.013	
	염수	85.4	0.006	
	담수	91	0.007	0.26
늪지의 물	담수	11.5	0.0008	0.03
하천의 물	담수	2.12	0.0002	0.006
생물 내부의 물	담수	1.12	0.0001	0.003
대기 중의 물	담수	12.9	0.001	0.04
합계		1,386,000	100	
합계(담수)		35,029	2.53	100

출처: 「World Resources at the Beginning of the 21st Century. UNESCO. 2003.」을 토대로 일본 국토교통성 수자원부 작성
(이 표에는 남극대륙의 지하수는 포함되어 있지 않음)

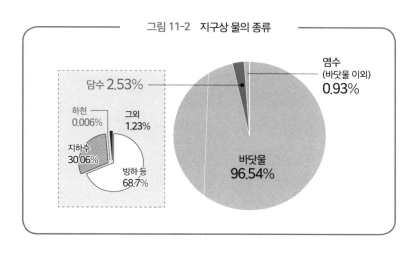

그림 11-2   지구상 물의 종류

담수 2.53%

하천 0.006%
그외 1.23%
지하수 30.06%
빙하 등 68.7%

염수
(바닷물 이외)
0.93%

바닷물
96.54%

상태 순환이라고 한다.

그뿐만이 아니다. 물은 이러한 '상태의 순환'을 통해 지구 환경 전체를 순환하고 있다. 태양열에 덥혀진 바닷물은 수증기로 변해 하늘로 떠오르고, 하늘에서 식혀져 비나 눈이 되어 지상으로 떨어진 후 강물에 스며들어 다시 바다로 흘러든다.

그러는 사이에 물은 대기 중이나 지표 위의 물질을 녹여서 흘려보낸다. 이처럼 **물은 스스로가 순환할 뿐만 아니라 다양한 물질의 순환을 도우며 지구를 정화하고 있는 것이다.**

해양의 흐름

하천의 물은 높은 곳에서 낮은 곳을 향해 쉴 새 없이 이동한다. 바닷물도 마찬가지다. 해류의 형태로 대륙이나 크고 작은 섬들 주변을 이동한다. 해류는 주로 해양의 표면을 이동하는 바닷물의 흐름이다. 지

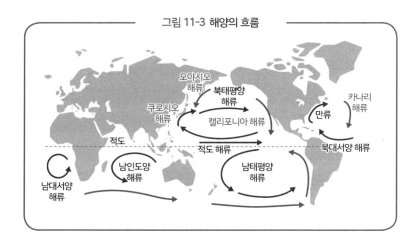

그림 11-3 해양의 흐름

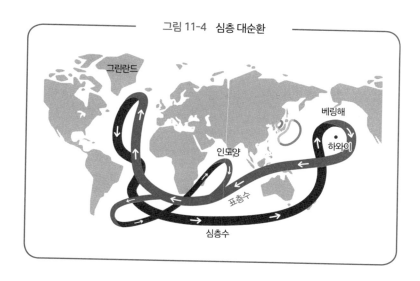

그림 11-4 심층 대순환

구상에는 〈그림 11-3〉에 나타나 있듯 남·북태평양 해류, 남·북대서양 해류, 캘리포니아 해류, 남인도양 해류 등이 존재한다.

바닷물의 이동은 바다 표면을 흐르는 해류가 전부는 아니다. 바닷물은 지구 규모의 거대한 흐름을 만들어내고 있다. 이 흐름은 주로 바닷물의 온도차에 따른 비중의 변화, 그리고 지구의 자전에 따라 발생하는 것이다. 이는 **심층 대순환** 혹은 대양 컨베이어 벨트 등의 이름으로 불린다.

이러한 흐름은 〈그림 11-4〉에 나타나 있다. 해양의 표면부터 해수면 아래로 1,500~4,000m에 달하는, **심해를 순회하며 지구 전체를 뒤덮는 거대한 흐름**이다. 그린란드 연안에서 심해로 내려간 후, 인도양과 베링해에서 표층으로 올라온다. 이동 속도는 심해의 경우 매초 10~20cm이며, 상승 속도는 하루에 1cm로, 거의 **500년에 걸쳐**

그림 11-5 인체, 바닷물 등에 포함된 원소 존재량의 비율

순위	1	2	3	4	5	6	7	8	9	10
인체	H	O	C	N	Na	Ca	P	S	K	Cl
바닷물	H	O	Na	Cl	Mg	S	K	Ca	C	N
지구 표층	O	Si	H	Al	Na	Ca	Fe	Mg	K	Ti
대기	N	O	Ar	C	H	Ne	He	Kr	Xe	S

2,000m 아래의 바닷물이 교체되는 느긋한 흐름이다.

해류나 심층 대순환에 따른 바닷물의 대규모 이동은 지구상의 온도차를 해소시키는 등 기후 변동에 결정적인 영향을 미친다. 과거 약 1만 년 동안 지구 기온에 큰 변동이 없었던 이유는 심층 대순환 덕분이었다고 한다.

〈그림 11-5〉는 인체 및 바닷물에 포함된 원소를 많은 순서대로 나열한 것이다. 비교를 위해 지구 표층의 원소와 대기 중의 원소도 함께 실어두었다. 도표에서 알 수 있듯, 상위 10위까지 원소를 비교하면 인체와 바닷물은 9종류나 동일(하늘색 칸)하다는 사실을 알 수 있다. 이는 '생명체는 바닷물에서 탄생한 존재'라는 설을 뒷받침하는 유력한 증거 중 하나로 볼 수 있다.

참고로 지구 표층이나 대기 중에서는 공통된 원소가 5종류 밖에 없다. 대기 중의 원소들은 생체에서는 모두 유기물을 만드는 데 사용되고 있다.

12

오염 재생장치인 해양을 위협하는 것은?

지구상 모든 물질은 돌고 돌다가 최종적으로는 바다로 운반된다. 그러므로 해양은 수많은 요인으로 인해 오염될 위험성이 높다고 할 수 있다.

물은 양을 따지지 않는다면 수많은 물질을 녹인다. 금도, 우라늄도 물에 녹는다. 하지만 이는 동시에 인류가 만들어낸 유해물질까지 바닷물에 녹아든다는 것을 알려준다. 일반적으로 금속이나 유기물은 물에 녹지 않는다고 하지만, 그렇지 않다. 물은 소량이라면 어떠한 물질도 녹일 수 있다.

앞에서 다룬 내용을 보았듯이 물은 그 순환 과정에서 대기 중이나 지표, 경우에 따라서는 땅속의 물질까지 녹여낸다. 그리고 최종적으로는 바다로 그 물질을 운반한다. 이런 의미에서 보자면 **바다는 환경오염 물질이 마지막으로 도착하는 종착지이자 탁월한 오염물질 분해·재생장치이기도 한 것이다.**

해양은 수많은 요인에 따라 오염된다. 〈그림 12-1〉에 해양오염의 원인이 나타나 있다. 도표를 보면 유조선이나 선박 사고 때문에 기름이 유출되어 오염되는 경우가 가장 많음을 알 수 있다.

바닷물을 오염시키는 원인은 그뿐만이 아니다. 인류가 배출한 유해물질에 바닷물이 오염되고 있음을 뒷받침하는 자료 중 하나로, 유기

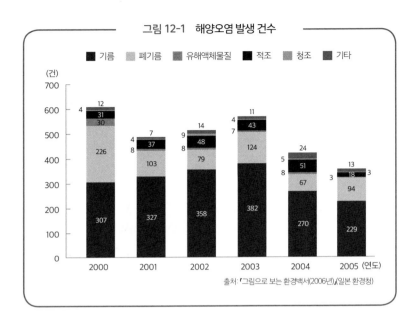

그림 12-1 해양오염 발생 건수

출처: 「그림으로 보는 환경백서(2006년)」(일본 환경청)

그림 12-2 표층수와 플랑크톤의 PCB/DDT 농도

	농도(ppb)	
	PCB	DDT
표층수	0.00028	0.00014
동물플랑크톤 농축률(배)	1.8 6,400	1.7 12,000
샛비늘치 농축률(배)	48 170,000	43 310,000
살오징어 농축률(배)	68 240,000	22 160,000
줄무늬돌고래 농축률(배)	3,700 13,000,000	5,200 37,000,000

출처: 다쓰카와 료 「수질오염 연구, 11, 12」(1998)

68

염소 화합물인 **PCB**와 **DDT**의 농도가 있다. 이 농도를 표층수만 놓고 봤을 때는 대단히 묽다.

하지만 여기서 생물이 엮이면 양상은 전혀 달라진다. 먹이사슬을 통해서 생물농축이 발생하기 때문이다. 과정을 설명하면 다음과 같다. 바닷물 속의 DDT를 플랑크톤 따위가 흡수하여 체내에 농축시킨다. 이를 정어리가 먹어서 더욱 진하게 농축시키고, 그런 정어리를 오징어가 잡아먹고, 오징어를 잡아먹는 돌고래에 이르게 된다. 그러면 농축률은 무려 3,700만 배에 달한다. 무시무시한 배율로 껑충 뛰어오르는 셈이다.

동일한 현상은 인간에게도 일어나고 있다. 우리 주변 환경에서는 모습을 감추었을 DDT가 모유에서 검출되는 이유는 알고 보면 이러한 구조가 작용하고 있기 때문이다.

미나마타병에서도 이와 같은 먹이사슬이 발생했다는 사실은 1장에서 살펴봤다. 미나마타병의 경우는 단순한 농축에 머무르지 않고, 배출 당시에는 무기수은이었던 물질이 인간의 입으로 들어갈 때는 메틸수은이라는 유기수은으로 변해 있었다. 이를 통해 **먹이사슬이 단순한 농도 증가뿐만 아니라 성질의 변화에까지 관여했음을 알 수 있다.**

부영양화란 염류가 적은 물 환경에 영양가가 높은 염류가 흘러들면서 플랑크톤류가 비정상적으로 증식하는 현상이다. 하지만 최근에는 조류가 영양염류를 비축함에 따라 비정상적으로 증식·부패하면서 용존 산소가 줄어든 결과, 어류 및 필수 조류 등이 감소하는 현상을 가리키는 말이 되었다.

이 현상은 하천이 유입되는 만(灣)과 같은 폐쇄성 수역에서 발생한다. 일본의 경우 세토 내해, 도쿄만, 오사카만 등지에서 종종 발생하고 있다. 부영양화가 발생하면 플랑크톤이 비정상적으로 불어나게 되고, 그에 따라 해역이 특유의 색을 띠기 때문에 **적조**, **청조** 등의 이름으로 불린다.

이와 같은 플랑크톤 중에는 독소를 지닌 것도 있어, 이를 먹은 물고기는 죽고 만다. 특히 청조의 경우는 플랑크톤이 수면을 뒤덮어 빛을 차단하기 때문에 해조류가 죽게 된다. 이렇게 되면 광합성이 이루어지지 않아 바닷속의 용존 산소가 줄어들게 되고 이는 수생생물의 죽음으로 이어진다.

이렇듯 비정상적으로 늘어난 플랑크톤은 이후 일제히 죽음을 맞이한다. 그러면 죽은 플랑크톤이 부패하면서 물속의 산소가 줄어들게 되니, 어류에게는 두 번째 시련이 찾아오는 셈이다. 바닷속 생물인 고래상어나 쥐가오리, 개복치(모두 플랑크톤을 주식으로 삼는 어류-옮긴이) 한테야 제 세상이 찾아온 것처럼 보일지도 모르나, 알고 보면 꽤나 위태로운 외줄타기를 강요받고 있는 상황일지도 모른다.

물의 성질을 나타내는 지표로 **COD**(화학적 산소요구량), **BOD**(생물화학적 산소요구량)가 있다. 이 2개는 물속에 함유된 유기물의 양을 나타내는 지표이다. 산소를 이용해 유기물을 화학적으로 분해할 때 필요하다 생각되는 산소의 양을 나타낸 수치를 COD라고 한다. 유기물을 미생물이 분해할 때, 미생물 역시 산소를 필요로 한다. 이 산소량을 측정한 것이 바로 BOD이다.

둘 중 어느 쪽이든 수치가 높은 물일수록 많은 유기물을 함유한(오염된) 물이라는 뜻이다. 공장 등의 배출 허용 기준은 COD, BOD 모두 160mg/L(일간 평균 120mg/L) 이하로 정해져 있다.

13

오염물질이 흘러들어 부영양화가 발생하면?

생물을 길러낼 양분이 없는 호수는 시간이 지나면서 물길이 뚫리고 강으로부터 흙과 모래와 영양분이 유입되기 시작한다. 바로 부영양화가 발생하는 것이다.

일본의 비와호수(시가현)나 인바늪지(지바현) 등의 호소(내륙의 호수와 늪지를 총칭하는 말-옮긴이)는 담수가 모이는 곳이다. 호소는 민물고기가 살아가는 보금자리이기도 하며, 우리에게는 상수도의 취수원으로서 귀중한 마실 물을 비롯해 생활용수를 제공해주는 소중한 자연환경이다. 호수의 기원은 다양하다. 그중에서도 가장 널리 알려진 기원은 새로이 분출된 용암을 통해 형성된 거대한 웅덩이에 물이 고이는 경우이다.

일반적으로 이러한 호수는 생물을 길러낼 양분이 아무것도 없기 때문에 **빈영양호**(貧營養湖)라고 불리며, 맑고 투명하다. 일본 자오산의 오카마 분화구처럼 '극단적으로 높은 산성도' 같은 특수한 조건이라면 본래의 상태를 그대로 유지할 것이다.

하지만 이러한 호수에도 시간이 지나면서 물길이 뚫리고, 강으로부터 흙과 모래와 영양분이 유입되기 시작하면 생물이 번식하게 된다. 오랜 세월이 지나 호수는 흙과 모래, 유기물로 가득해져 **부영양호**(富營養湖)로 변화한다. 부영양호에는 계속해서 유기물과 그 퇴적물이 쌓이다. 늪으로 변하고, 최종적으로는 습기가 많은 초원인 습원을 거쳐 초원, 그리고 삼림으로 진화해나간다.

식물의 3대 영양소인 질소, 인, 포타슘은 화학비료인 황산암모늄이나 황산포타슘, 인산포타슘 등에 풍부하게 함유되어 있다. 그뿐 아니라 인은 세제 등에도 함유되어 있으며, 분뇨에도 함유되어 있다. 호수에 이와 같은 물질이 흘러들면 미생물이 급격한 속도로 번식하게 된다. 이후 그 미생물이 죽고 부패하면서 수질이 나빠지기 시작한다. 그에 따라 부영양화는 한층 더 진행되어 호수의 수질은 단숨에 악화된다. 그 결과 호수 밑바닥이 더러운 진흙으로 뒤덮이게 되면서 악취까지 날 정도로 수질은 악화되고 만다.

여기에 산성비가 호수에 고이면 그 산성을 감당할 수 없어진 어패류와 수생식물 모두 죽고 만다. 이렇게 된 호수는 재생되지 못하고 머잖아 보수력을 잃게 되면서 결국 말라버리고 만다. 이후로 남겨진 길은 사막화뿐이다.

일본의 하천과 서양의 하천에는 근본적인 차이가 있다. 바로 유역의 길이다. 일본은 수십 km의 강이 있는 반면 서양에는 수천 km의 강도 있다. 그렇다면 강으로 유입된 물질이 바다로 빠져나가기까지 걸리는 시간도 달라진다.

다시 말해 서양처럼 길이가 긴 강에서는 오랜 시간에 걸쳐 생성된 복잡한 성분의 화학물질이 배출될 가능성이 있다는 뜻이다. 그러한 물질을 **휴민**(humin)류라고 부른다. 서양 쪽의 하천을 보면 갈색 물이 흐르는 경우가 있는데, 이와 같은 색의 토대를 이루는 것이 바로 휴

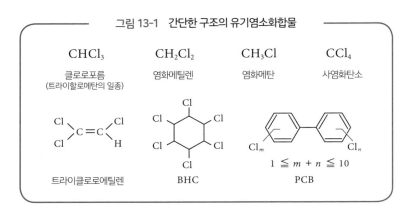

그림 13-1 간단한 구조의 유기염소화합물

$CHCl_3$
클로로포름
(트라이할로메탄의 일종)

CH_2Cl_2
염화메틸렌

CH_3Cl
염화메탄

CCl_4
사염화탄소

트라이클로로에틸렌

BHC

$1 \leqq m + n \leqq 10$

PCB

민류 때문이다.

이러한 **휴민류의 분자구조는 단락이 없고, 매우 복잡하며, 지나치게 크다**는 특징이 있다. 예를 들어 이후 등장할 고분자나 핵산인 DNA 등은 분자구조가 대단히 크지만, 이들은 간단한 단위분자가 꼬리에 꼬리를 물어 형성된 구조를 이루고 있다. 또한 비타민B_{12}나 산호초에 서식하는 생물이 지닌 파라톡신처럼 복잡한 분자구조를 지닌 경우가 있다. 하지만 이들은 모두 '여기까지가 1개'라고 부를 만한 단락을 가지고 있다.

그런데 휴민류의 구조에는 이렇게 '단락'이라 부를 수 있는 것이 없다. 구조가 하염없이 쭉 이어지는 것이다. 이러한 구조는 석탄의 구조와 유사하다. 즉 **휴민류는 '수용액으로 변한 석탄'과도 같은 구조**라고 할 수 있다.

훗날 물속에서 휴민류를 회수하여 토양 개량제로 이용하려는 계획이 검토되고 있다. 하지만 한편으로 휴민류가 함유된 물을 상수도 용

도로 이용하기 위해 염소로 살균하면, 발암성이 의심되는 클로로포
름이나 트라이할로메탄류(유기염소화합물)가 생성될 가능성도 지적되
고 있다. 일본의 강물과 다르게 서양의 강물에는 다소 성가신 물질
이 존재하는 셈이다.

14

셰일가스 개발로 지하수가 오염되고 있다고?

지하수는 상수도록 이용되는 등 다양한 용도가 있다. 깊은 곳에서 지열에 덥혀진 지하수는 온천
이나 지열발전의 연료로 이용되기도 한다.

물이 머무르는 시간

지하수의 특징은 원래대로라면 '바다 ⟶ 대기 ⟶ 비 ⟶ 지표 ⟶ 호수'로 순환되어야 할 물이 오랫동안 한 곳에 고여 있다는 점이다. 〈그림 14-1〉은 각종 환경에 놓인 물 분자 1개가 해당 환경 안에 평균적으로 얼마나 오래 머물러 있는지를 나타낸 표이다. 도표에 따르면 증발하여 대기 중에 섞인 물(수증기)이 비가 되어 지상으로 내려오기까지 약 10일이 걸리며, 강물이 바다에 이르기까지는 평균 13일이 걸린다고 한다.

호소(호수와 늪지)의 물이 머무르는 시간은 강과 이어져 있느냐에 따라 제각각이지만 지하수의 경우는 평균 830년으로, 예상보다 길다. 다만 얕은 곳의 지하수가 머무르는 시간이 100~200년인 반면 깊은 곳의 지하수는 1만 년으로, 상당한 격차가 난다. 아무튼 이토록 오랜 기간에 걸쳐 암석이나 토양과 접해 있는데, 이는 **물이 다양한 성분을 녹여서 간직하고 있음**을 의미한다.

한편 토양에 흡착된 물, 이른바 토양수가 머무르는 시간은 약 3~4

그림 14-1　물이 머무르는 평균 시간

해수	얼음과 눈	지하수	토양수	호수와 늪지	하천	수증기
3200년	9600년	830년	0.3년	수 년~수백 년	13일	10일

개월(0.3년)로 짧다.

지하수에는 다양한 용도가 있다. 먼저 우물물로 대표되는, 우리의 입으로 들어가는 상수도로 이용된다. 깊은 곳에서 지열에 덥혀진 지하수는 온천이나 지열발전의 연료로 이용되기도 한다.

물의 성질을 나타내는 수치로 **경도**(硬度)가 있다. 물에 함유된 칼슘(Ca)이나 마그네슘(Mg) 등의 광물(미네랄)의 농도를 나타내는 용어이다. 경도는 단위량의 물에 함유된 미네랄 양을 탄산칼슘($CaCO_3$)으로 환산한 수치이다. **경도의 수치가 크면 클수록 미네랄 함량이 높다**는 뜻이다.

경도가 높은 물을 **센물**, 낮은 물을 **단물**이라고 부른다. 센물과 단물의 정의는 국가마다 다르다. 일본에서는 경도 100 이하의 물을 단물, 그 이상을 센물로 분류한다. 일반적으로 일본은 단물이 많으며 서양은 센물이 많은 듯하다.

센물은 미네랄을 함유하고 있기 때문에 건강에 좋다고 말하는 사람도 있다. 프랑스의 유명한 생수 에비앙은 경도 300 이상의 센물이며, '나다노키잇폰'이라는 일본주를 만들 때 사용하는 미야미즈(일본 효고현 니시미야시에서 용출되는 양조용수-옮긴이) 역시 경도 120인 센물이다.

지하수는 냉각수, 세정수, 증기 등의 열매체로서 공업 분야에서도 대량으로 이용되고 있다. 그 때문에 지하수를 퍼 올리면서 발생하는 지반침하가 문제를 일으키기도 한다.

지하수는 지표로 떨어진 빗물이 땅속에 스며들거나 하천에서 새 나온 물이 지하에 고인 것이다. 따라서 필연적으로 대기의 수용성 성분이나 지표 혹은 땅속의 수용성 성분이 녹아 있기 마련이다. 농지에서는 살포한 농약이, 공장에서는 각종 폐기물 용액이 지하수에 스며든다. 이처럼 지하수에는 각종 산업 폐기물의 가용성 성분이 침투하게 된다.

셰일가스 채굴에 따른 토양오염

최근 화제에 오른 화석연료로 **셰일가스**가 있다. 셰일(shale)은 조개껍질이 아니라 **혈암**(頁巖)을 뜻하는 말로, 혈암은 퇴적암의 일종이다. 혈암에서 혈(頁)은 '책의 페이지'를 뜻한다. 즉 **혈암은 얇은 암석층이 여러 겹 포개진 퇴적암**이라는 것으로, 그 사이에 천연가스인 메탄(CH_4)이 흡착되어 있다.

셰일가스의 존재 자체는 이전부터 알려져 있었지만, 마땅히 채굴할 방법이 개발되지 않은 상태였다. 이는 셰일가스가 지하 2,000~3,000m의 땅속 깊은 곳에 있기 때문이다. 그런데 21세기에 접어들어 처음으로 유효한 채굴법이 미국에서 발명되었다.

바로 **사갱법**(수평 시추법)이다. 〈그림 14-2〉를 보자. 도표에 나와 있듯이 혈암층에서 비스듬하게 갱도를 파내려간다. 그런 다음, 갱도를 통

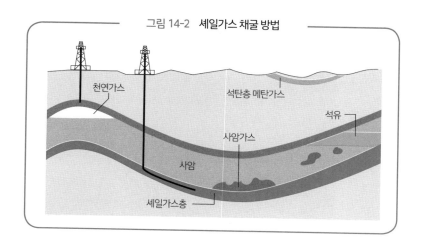

그림 14-2　셰일가스 채굴 방법

천연가스

석탄층 메탄가스

석유

사암가스

사암

셰일가스층

해서 혈암층과 수평 방향으로 고압의 물이나 특정 화학물질을 분사
해 혈암층을 부순다. 그리고 분리된 천연가스를 회수하는 방식이다.

　이러한 방법은 경제적으로 성공을 거두었다. 〈그림 14-3〉에서 알
수 있듯이, 사갱법 덕분에 미국의 천연가스 가격은 크게 떨어졌다.
뿐만 아니라 미국은 외국에서 천연가스를 수입할 필요가 없어졌을
정도이다.

　하지만 이윽고 폐해가 드러났다. 셰일가스 갱도에 주입할 물은 인
근의 지하수를 이용한다. 이렇게 되면 일차적으로 지반침하를 초래
하게 된다. 또 이것뿐만이 아니다. 물이 주입된 부분에서 암석이 붕괴
되는 것이다. 결과적으로 지반침하를 넘어서 국소적으로는 지진까지
발생한다. 인위적으로 일으킨 지진인 셈이다.

　더욱 무서운 점은 시추 현장의 지하수에는 가스나 화학물질이 섞
이게 된다는 것이다. 그 결과 현장 부근의 우물물에 라이터를 갖다

그림 14-3 천연가스 가격 추이

(달러/100만 BTU)

미국　　　EU　　　일본(LNG)　　　원유

출처: Energy Matters euanmearns.com BP data

대자, 불이 붙는 동영상까지 업로드되었다. 이 물은 메탄 함유량이 높아 더 이상 식수로는 사용할 수 없다. 이러한 이유로 자국 내에서의 셰일가스 채굴을 금지한 프랑스 같은 국가도 등장하고 있다.

15

하수도 문제에서 가정 하수와
빗물의 분리는 어떻게 해야 할까?

우리의 생활과 가장 밀접하게 연관된 물 환경이라면 역시 수돗물과 하수라 해도 과언이 아닐 것이다. 이 사항은 상수도와 하수도로 구별된다.

상수도의 여과 방법

일본의 상수도 보급률은 96% 이상에 달한다. 즉, 거의 모든 일본 사람들이 상수도를 이용한다는 뜻이다. 상수도의 수원(水原)으로 '하천, 호소, 지하수', 3종류가 있다. 하지만 수도로 공급하려면 위생 기준을 통과해야만 한다. 자연 그대로의 물인 원수(原水)는 〈그림 15-1〉에 표시된 다양한 방식으로 정화하여 수질 기준을 충족시킨 이후에 공급된다.

① 침전 여과: 원수를 가라앉혀서 쓰레기나 흙을 분리해낸다. 하지만 물이 탁해지는 이유는 매우 고운 입자 때문이므로, 가라앉히기만 해서는 투명해지지 않는 경우가 있다. 그와 같은 경우에는 고분자 계열의 응집제를 첨가해서 가라앉힌다.

② 모래 여과: 앞의 단계에서 제거하지 못한 미립자를 모래 사이로 통과시켜 제거한다.

③ 염소 살균: 마지막으로 살균을 위해 칼크(calc. 소석회에 염소를 흡

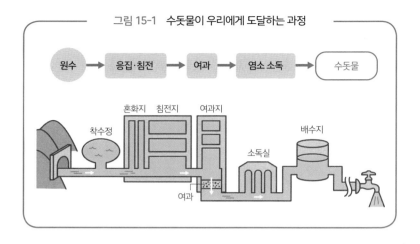

그림 15-1 수돗물이 우리에게 도달하는 과정

원수 → 응집·침전 → 여과 → 염소 소독 → 수돗물

혼화지 침전지 여과지

착수정

배수지

소독실

여과

수시킨 것으로, 산화력이 강해 살균·소독 등에 쓰인다-옮긴이)를 넣어, 여기서 발생하는 염소로 살균한다.

최근에는 산업 폐기물로 인해 원수가 오염되면서, 원수에 트라이할 로메탄 등의 유기염소 화합물이나 중금속 따위가 섞이는 경우가 있다. 그래서 이것들을 제거할 방안이 문제가 되고 있다.

1993년에는 미국 밀워키에서 크립토스포리듐이라는 기생충이 상수도를 오염시킨 사고가 발생했다. 무려 40만 명의 감염자와 400명의 사망자를 낸 심각한 사고였다. 이는 해당 기생충이 일반적인 수준의 염소 살균으로는 죽일 수 없었기 때문이다.

하수도의 여과 방법

가정에서 나오는 하수에는 다양한 종류의 물질이 섞여 있다. 부엌이나 욕실에서 나온 하수에는 각종 유기물이나 화학약품이 섞여 있으며, 화장실에서 나온 오수에는 배설물을 비롯해 생체에서 분비된 각종 호르몬 따위도 함유되어 있다.

일본의 하수도 보급률(하수도 이용 인구/총 인구)은 79% 정도이다. 미국(74%)과는 거의 동일한 수준이지만 네덜란드(99%), 영국(97%), 독일(97%) 등에 비하면 아직 낮은 수치라고 할 수밖에 없다. 〈그림 15-2〉는 하수 처리 과정의 일례를 표현한 것이다.

① **1차 처리**: 스크리닝(screening)을 통해 기름이나 쓰레기를 제거한 오수는 침전조에서 침전된 오물과 상청액(침전물의 윗부분에 생기는 맑은 물-옮긴이)으로 나뉜다.

② **2차 처리**: 상청액의 유기물은 활성 슬러지 탱크에서 호기성(공기 중의 산소를 필요로 하는 성질로, 반대되는 성질로 혐기성이 있다-옮긴이) 세균을 통해 분해된다. 이후 침전조에서 침전물과 상청액으로 나

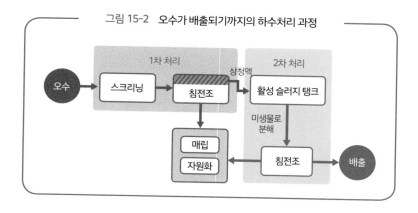

그림 15-2　**오수가 배출되기까지의 하수처리 과정**

뉘고, 상청액만이 배출된다. 침전조에 남은 오물은 비료로 쓰이거나 소각된다.

하수도는 화장실 등의 가정하수를 내보내는 하수도와 빗물을 내보내는 하수도, 2종류로 구분되어 있어야 한다. 그러나 일본에서는 대부분 둘이 혼용되고 있다. 따라서 많은 비가 내린 뒤 하수 처리가 제대로 되지 않아 거의 그대로 방류되는 사태가 벌어진다고 한다.

16

하늘에서 떨어지는 산성비의 정체는 뭘까?

비는 하늘에서 떨어지는 물방울이며, 낙하 도중 이산화탄소를 녹이며 산성이 된다. 즉, 전 세계에
내리는 모든 비는 과학적으로 산성비이다.

산성과 중성

공기를 구성하는 물질 중 98%는 질소(78%)와 산소(20%), 단 2가지
성분이 차지하고 있다. 또한 0.9%의 아르곤, 0.04%의 이산화탄소, 그
외에도 다양한 유해 기체가 함유되어 있다.

비는 하늘을 지나 땅으로 떨어지는 사이에 대기의 가용성 성분을
녹여서 간직한다. 이산화탄소(CO_2) 역시 그러한 성분 중 하나이다. 이
산화탄소는 물에 녹으면 탄산(H_2CO_3)이라는 산이 된다. 그리고 모든
산은 분해되면 수소 이온(H^+)를 발생시킨다.

$$CO_2 \; + \; H_2O \longrightarrow H_2CO_3 (탄산)$$
$$H_2CO_3 \longrightarrow H^+ + \; HCO_3^-$$

물(H_2O)은 분해되면 수소 이온(H^+)과 수산화물 이온(OH^-)을 발생
시키는데, 수소 이온 농도와 수산화물 이온 농도가 동일한 상태를 중
성, 수소 이온이 수산화물 이온보다 많은 상태를 산성이라고 부른다.

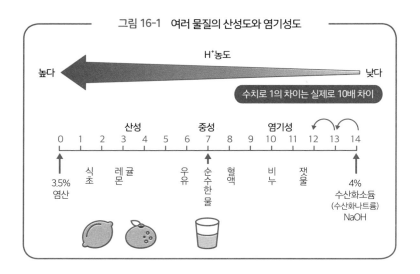

그림 16-1　여러 물질의 산성도와 염기성도

$$H_2O \longrightarrow H^+ + OH^-$$

　용액이 중성인지 산성인지를 나타내는 데는 **pH**라고 불리는 **수소 이온 지수**가 사용된다. pH는 1부터 14까지 변화하는데, 중성을 7로 보고 7보다 낮으면 산성, 7보다 높으면 염기성(알칼리성)이라고 한다. 그리고 pH 수치에서 1의 차이는 농도로 따졌을 때 10배의 차이를 의미한다. 따라서 pH5의 용액에는 pH6 용액의 10배, 그리고 pH7 용액보다는 100배나 많은 수소 이온이 존재한다.

산성비란 무엇일까?

비는 하늘에서 떨어지는 물방울로, 낙하 도중 이산화탄소를 녹이면서 산성이 된다. 즉 전 세계에서 내리는 **모든 비는 산성으로 중성비 따윈**

존재하지 않는 셈이다.

비를 산성으로 만드는 원인은 이산화탄소 외에도 있다. 석탄이나 석유에는 불순물로 황 성분(S)이나 질소 성분(N)이 함유되어 있다. 황이 불에 타면 황산화물이 발생한다. 일일이 표기하기에는 종류가 너무나도 다양하기 때문에, 일반적으로는 모두 합쳐서 SOx라 쓰고 '삭스'라고 읽는다. 질소산화물 역시 마찬가지로 NOx라고 쓰며 '녹스'라고 읽는다. 신문에서도 종종 SOx, NOx라는 표기를 찾아볼 수 있을 것이다.

SOx가 물에 녹으면 강산인 황산 등이 된다. 또한 NOx가 물에 녹으면 마찬가지로 강산인 질산 등이 된다. 이러한 SOx와 NOx가 산성비의 **직접적인 원인**으로 추정되고 있다.

그렇다면 산성이 얼마나 강해야 **산성비**라고 불리는 것일까? 사실 국제적으로 정해진 정의는 없다. 미국에서는 pH5 이하의 비를 산성비라고 부른다. 일본에서는 기상청이 pH5.6을 기준으로 삼자고 주장하고 있다. 이를 보면 미국보다 일본의 기준치가 더 엄격함을 알 수 있다.

〈그림 16-2〉를 보면 미국에서 내린 산성비의 산성도 분포가 등고선으로 나타나 있다. 산성비가 동해안에 위치한 공업지대에서 정점을 찍은 뒤에 전국으로 퍼져나감을 알 수 있다. 이는 공업지대에서 연료로 사용한 화석연료가 산성비의 원인임을 나타내는 것이다.

산성비는 하늘에서 산이 떨어지는 것이나 마찬가지이다. 지상의 생물과 물체 모두 산의 피해를 받는다. 금속 제품은 당연히 녹이 슨다. 다시

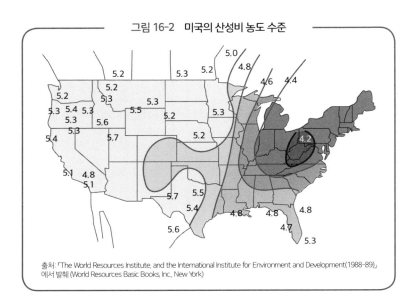

그림 16-2　미국의 산성비 농도 수준

출처: 「The World Resources Institute, and the International Institute for Environment and Development(1988-89)」
에서 발췌(World Resources Basic Books, Inc., New York)

말해 동상이나 구리로 만든 지붕은 녹이 슬어 녹청(綠靑, 구리의 표면
에 발생하는 초록색 녹으로, 인체에 유독하다-옮긴이)을 발생시키게 되는
것이다. 이러한 이유로 전 세계의 여러 유명한 동상들이 모조품으로
교체되고, 진품은 수장고로 옮겨지고 있다.

　염기성(알칼리성)인 콘크리트는 녹아내려 연약해진다. 균열이라도
생겼다면, 그곳을 통해 산성비가 침투해 내부의 철근을 녹슬게 할 것
이다. 철은 녹이 슬면 팽창하니 균열은 한층 넓어지게 되고, 더욱 많
은 산성비가 그곳을 통해 침투하게 된다.

　호수는 산성으로 변해 어류 등의 수생생물에게 막심한 피해를 끼
친다. 산간지방은 식물이 말라 죽은 결과 민둥산으로 변하고, 보수능
력을 잃어버린 탓에 홍수가 빈번히 발생하기 시작한다. 그러면 산의

표면을 얇게 덮고 있던 비옥한 토양이 쓸려 내려가 두 번 다시 식물이 자라지 못하게 된다. 즉, 사막으로 변하고 마는 것이다.

현재 산성비 피해로 가장 우려되는 점은 바로 이 사막화이다. 산성비를 방치했다간 환경이 토대부터 바뀌어버릴 가능성이 있다.

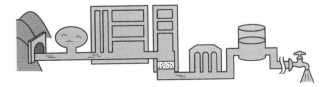

제 4 장

지구 대기의 성립과

오염 문제

17

지구의 대기는 어떻게 성립되었을까?

지금으로부터 46억 년 전에 탄생한 지구의 대기는 어떤 변화를 거쳐왔을까? 탄생 당시의 지구 대기는 지금과 어떻게 다른지 알아보자.

원시 지구의 대기

지구가 탄생한 때는 지금으로부터 약 46억 년 전으로 추정된다. 탄생 당시, 지구의 대기는 우주의 구성 상태와 마찬가지로 수소와 헬륨으로 이루어져 있었다. 하지만 고온, 고압의 수소와 헬륨은 원시 태양에서 날아드는 강한 태양풍에 날아가 버렸고, 그 대신 지구의 화산이 분화하면서 분출된 이산화탄소가 주된 성분을 이루는 '원시 대기'가 지구를 뒤덮었다. 아마도 당시 이산화탄소의 압력은 100기압에 달했으리라고 생각된다.

그 외에는 물이나 질소도 포함되어 있었지만 고농도의 이산화탄소에 따른 온실효과 등으로 지구의 표면 온도는 300℃가 넘었을 것이다. 당연히 물은 수증기 상태였다. 그러다가 점차 기온이 낮아짐에 따라 수증기는 비로 변해 내리기 시작했고, 40억 년 전에는 '원시 해양'이 탄생한다.

바다가 생겨났을 때 생명체도 함께 탄생했다. 해양이 생겨나자 이산화탄소는 바닷물에 녹아들었고, 바닷물 속 칼슘과 반응하여 석회

암이 되면서 공기 중에서 사라져갔다.

32억 년 전에는 **광합성**을 실시하는 세균인 사이아노박테리아(남세균)이 탄생했다. 특히 27억 년 전에 대량으로 발생하면서 산소가 왕성하게 만들어지기 시작했다. 이때 생겨난 산소는 처음에는 바닷속 철분과 반응하여 산화철 상태로 바닷물 속에 가라앉아 있었으므로 대기 중에 남은 양은 극히 적었다. 하지만 약 20여 억 년 전부터 대기 중에도 산소가 섞여 들어가기 시작했다. 이로 인해 지상의 철이 산화 상태를 이루게 된 때는 24~22억 년 전으로 보인다.

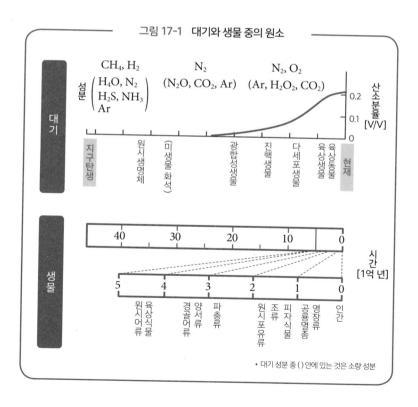

그림 17-1 대기와 생물 중의 원소

• 대기 성분 중 ( )안에 있는 것은 소량 성분

산소가 증가하면서 생물도 진화했다. 처음에는 박테리아처럼 세포에 핵을 지니지 않은 원핵생물이었다. 그러다가 핵을 갖춘 진핵생물이 탄생했고, 10~6억 년 전에는 다세포 생물이 탄생했다.

대기 중의 산소 농도가 1%를 넘어선 4억 년 전에는 성층권 오존이 형성되었다. 뒤에서 더 다루겠지만, 오존은 생명체에게 유해한 우주선(cosmic ray, 우주에서 지구로 쏟아지는 높은 에너지의 각종 입자와 방사선의 총칭-옮긴이)을 막아준다. 다시 말해 생물은 위험한 우주선을 피하기 위해 물속에 숨어 있을 필요가 없어진 것이다. 이 무렵에 육상 생물이 출현할 환경이 갖춰진 것으로 보인다.

식물이 탄생하다

양치식물은 3억 년 전에 대량으로 발생했다. 이들이 **광합성을 실시하면서 산소 농도가 현재보다 높은 30%가 되고, 이산화탄소는 그만큼 감소했다.** 이렇게 이산화탄소의 온실효과가 약해지면서 지구는 추워졌을 것이다. 양치류 중에서 말라 죽은 식물은 석탄으로 변화하였다.

이 시기에 파충류가 출현했고, 2억 5000만 년 전에는 공룡이 탄생했으며, 그 후 1억 년 전까지 공룡의 전성기가 이어졌다. 같은 시기에 왕성하게 발생한 **해양 플랑크톤의 사체가 석유의 원료**가 된 것이다. 6500만 년 전, 거대한 운석이 충돌하면서 공룡이 멸종한 것으로 추정한다. 그 뒤 5500만 년 전에 영장류가 출현했고, 이어서 600만 년 전에는 인류의 선조가 탄생했다. 그리고 10만 년 전에 현대인의 선조가 아프리카를 거쳐 전 세계로 퍼져나가 현재에 이르고 있다.

18

지구상 대기 90%가 고도 20km 아래에 있다고?

대기의 성분과 구조는 어떻게 되어 있을까? 산소가 생겨나고 식물의 광합성을 통해 생물이 진화했다. 생물 대부분은 산소를 통한 화학반응 에너지로 생명활동을 한다.

대기는 어떤 성분으로 이루어져 있을까?

지구상의 생물 대부분은 산소를 통해 물질을 산화하고 그 화학반응 에너지로 생명활동을 영위한다. 대기는 그런 산소를 생물에게 공급하는 원천으로, 생물에게 대단히 중요한 환경이라 할 수 있다.

〈그림 18-1〉에 공기(대기)의 성분이 나타나 있다. 공기의 성분은 질량의 약 5분의 4가 질소(N_2)이며 5분의 1은 산소(O_2)이다. 하지만 그 외에도 수증기나 비활성기체인 아르곤(Ar), 이산화탄소(CO_2) 등 무척 다양한 성분이 함유되어 있다. 다만 수증기의 농도는 장소나 환경에 따라 크게 변하기 때문에, 공기의 성분 등을 알아볼 경우에는 보통 수증기의 농도가 포함되지 않은 건조한 공기를 예로 든다.

현재의 대기 성분은 기나긴 역사를 거치며 형성된 것이지만, 지구는 지금도 꾸준히 대기 성분을 만들어내고 있다. 가장 큰 요인은 바로 '화산 폭발'이다. 대기에 미량으로 함유된 성분 중 대부분은 화산 활동의 결과물이다.

화산이 폭발할 때 분출되는 연기나 화산재는 성층권까지 도달해

그림 18-1　대기를 점유하는 기체의 화학식 및 농도

기체	화학식	농도
질소	N_2	78%
산소	O_2	21%
아르곤	Ar	0.9%
수증기	H_2O	0.5%
이산화탄소	CO_2	360ppm

태양광을 차단해서 작물에 심각한 피해를 안겨준다. 과거에 사람들을 덮친 대흉작과 그에 따른 기근은 대부분 화산 분화가 원인이었다. 또한 화산가스에는 이산화황(SO_2) 염산(HCl), 플루오린화수소(HF), 황화수소(H_2S) 등 각종 유해가스가 함유되어 있다.

대기의 구성과 각 층의 기류, 온도는 어떠할까?

지구는 표면적의 약 70%가 물로 뒤덮여 있으며 지구 전체는 대기에 감싸여 있다. 대기는 층의 형태로 존재한다. 지상 20km까지는 지구 자전의 영향이나 온도차의 영향에 따라 대기가 대류나 바람의 형태로 이동하기 때문에 **대류권**이라 불린다. 대기의 **전체 질량에서 90%는 대류권이 차지**한다고 한다.

하지만 대류권의 두께는 겨우 20km 정도에 불과하다. 앞서 보았듯 지구가 지름 13cm의 원이라면, 대류권의 두께는 기껏해야 0.2mm이다. 연필로 그어놓은 선보다 가느다란 셈이다. 우리는 이처럼 얇디얇은 대기층 아래서 지구에 달라붙은 것처럼 살아가고 있다.

지상 20~50km는 **성층권**이라 불린다. 이곳에서는 **대류권과 반대로 고도와 함께 기온이 상승**한다. 성층권이라는 이름처럼 이곳은 대류권처럼 공기가 뒤섞이는 층이 아니라, 안정된 층을 형성하고 있을 것만 같다. 확실히 성층권은 대류권만큼 요란스럽지는 않으나, 그렇다고 해서 아주 안정적인 층도 아니다.

성층권은 발견된 지 100년이 넘은 층으로, 당시 보고된 내용이 이름의 유래가 된 듯하다. 현재는 성층권에도 상하의 대류는 있으며 바람도 분다는 사실이 알려져 있다. 이곳에 속한 층으로 오존홀이 널리 알려졌으며 오존(O_3)이 많은 **오존층**이 존재한다.

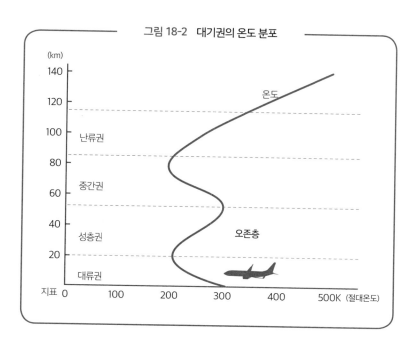

그림 18-2 대기권의 온도 분포

대기의 온도는 〈그림 18-2〉에 나타나 있듯이 고도에 따라 변화한다. 높은 하늘에는 태양으로부터 복사열을 차단해줄 것이 없기 때문에 고온이다. 그런데 이때의 '고온'은 약간 설명이 필요하다. '온도'란 분자의 진동이 얼마나 활발한지를 나타내는 것이다. 말하자면 분자 1개의 온도나 마찬가지이다. 따라서 성층권에 온도계를 가지고 가더라도, 그림에 표시된 고온을 가리키지는 않는다.

　지표와 가까워지면서 대기가 늘어남에 따라 온도는 낮아지지만, 지상 근처까지 오면 다시 높아진다. 이는 태양에 덥혀진 지표에서 방출되는 복사열 때문이다. 그 외에 대기 중에 존재하는 이산화탄소 등의 온실가스가 열을 가두는 효과 역시 간과할 수 없다.

대기 성분의 분리

공기의 성분인 산소(O_2)와 질소(N_2)라는 기체를 순수한 형태로 얻으려면, 공기를 분별 증류하는 것이 실용적이다. 분별 증류는 액체의 성분을 끓는점의 높낮이에 따라 순차적으로 증발시켜서 분리하는 방법이다. 따라서 각 성분의 끓는점이 중요하다. (액체)공기의 끓는점은 -190℃, 질소는 -196℃, 산소는 -183℃이다. 우선 공기를 적당한 용기에 채운 뒤 냉각한다. 그러면 공기는 온도가 -190℃ 밑으로 떨어진 시점에서 액화되어 살짝 푸른빛을 띤 액체공기로 변한다.

이어서 액체공기의 온도를 높여나간다. 그러면 공기의 성분은 각각의 끓는점에 따라 차례차례 기체로 변해간다. 끓는점이 낮은 질소가 먼저 기체로 변하므로 이를 모아놓는다. 다음으로 기체로 변하는 성분은 산소이므로 이 역시 모아놓는다.

마지막으로 아르곤, 이산화탄소, 헬륨 등의 혼합물이 남게 된다.

19

지구에는 어떤 종류의 바람이 불까?

바다에 해류가 있듯이 대기에는 바람이라는 흐름이 있다. 바람이라는 대기의 이동은 거대 규모부터 국지적인 범위까지 여러 종류가 있다.

지구상 바람의 종류

바다에 해류가 있듯이, 대기에도 흐름이 있다. 바로 바람이다. **바람은 지구 규모로 작용하는 거대한 바람**과 국지적인 범위에 작용하는 작은 바람이 있다. 또 항상 불어오는 바람과 태풍처럼 기후 변화에 따라 짧은 기간만 부는 바람도 있다.

지구 규모로 발생하는 바람으로는 **편서풍**과 **편동풍**이 있다. **편서풍과 편동풍은 지구의 자전과 공기의 습도 차이에 따라 발생한다.**

편서풍은 서쪽에서 동쪽으로 중위도 지대를 지나는 바람이다. 북반구에서는 북동쪽, 남반구에서는 남동쪽을 향해 분다. 이 바람은 고공에서 부는 바람이므로, 항공기가 편서풍을 이용하기도 한다.

반면에 편동풍은 적도 지대의 저공에서 서쪽을 향해 부는 바람이다. **무역풍**이라고도 불리는 이 바람은 과거에는 항해에 이용되었다.

열대성 저기압: 허리케인, 태풍, 사이클론

열대성 저기압이란 열대지방과 아열대지방에서 생겨난 강한 저기압

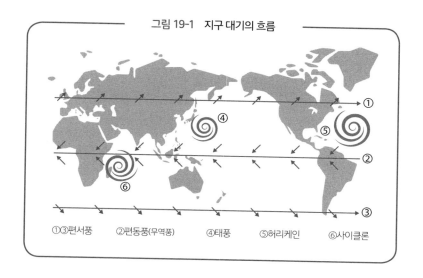

그림 19-1　지구 대기의 흐름

①③편서풍　　②편동풍(무역풍)　　④태풍　　⑤허리케인　　⑥사이클론

이 고위도 지방으로 이동하는 기상현상이다. 발생 지역에 따라 동남 아시아에서 발생하는 태풍, 인도양에서 발생하는 사이클론, 멕시코 만에서 발생하는 허리케인이 있지만 모두 성질은 같다. 태풍이나 허리케인 등이 통과하는 지역은 막대한 손해를 입는다. 최근에는 지구 온난화 탓인지 그 심각성이 증가하고 있는 듯하다.

국지적인 바람: 회오리바람과 다운버스트

지표의 대기는 한시도 멈추지 않고 항상 바람으로서 움직인다. 이러한 바람 중에서 이따금 매우 강력한 돌풍으로 변해 주변에 있던 사람이나 항공기에 피해를 끼치는 것이 있다. 바로 회오리바람과 다운버스트(down burst)다.

　회오리바람은 국지적으로 발생하는 대기의 소용돌이이다. 적란운의 밑바닥에서 깔때기 형태의 상승기류를 통해 발생한 소용돌이가 바로 회오리바람이다. 그 형태를 보고 옛날 일본사람들은 가상의 동물인 용을 떠올렸던 모양이다(일본어로 회오리바람은 다쓰마키(竜巻)라고 하는데, 그 모습이 마치 승천하는 용(竜)을 닮았다 하여 붙은 이름-옮긴이). 강한 회오리바람은 가옥을 파괴하고 자동차를 공중으로 끌어 올리기도 한다. 미국에서는 해마다 수백 건의 회오리바람이 발생하여 막대한 피해를 입히고 있다. 일본에서도 회오리바람에 따른 피해가 발생하기 시작했다.

적란운의 상층부에서는 강력한 하강기류가 발생하는데, 이 기류가 단숨에 지상으로 분출되는 현상이 바로 다운버스트이다. 항공기가 다운버스트에 휘말리면 양력을 잃게 되고, 경우에 따라서는 추락하기도 한다.

다운버스트가 알려지게 된 때는 1975년인데, 발생 원리는 최근에 와서야 밝혀졌다. 어쩌면 지금까지 발생한 여러 항공기 사고 중 '조종사의 실수'로 받아들여진 사례들은 다운버스트에 따른 사고가 있을지도 모른다.

풍속

가을에 접어들어 태풍이 발생하면 그 세기가 발표된다. 예를 들어 "중심 기압 980헥토파스칼, 최대 풍속 40미터"라는 식으로 말이다.

풍속이란 무엇일까? 이는 '바람의 속도를 초속으로 나타낸 수치'이다. 자동차의 속도는 시속이다. 그렇다면 풍속 40미터를 시속으로 바꾸면 어느 정도나 될까?

수학을 잘하는 사람이라면 바로 알아맞힐 듯한데, 일단은 계산을 해 보자. 쉽게 말해 1시간은 60분이고 1분은 60초이니 60×60, 즉 초속에 3,600을 곱하면 시속이 된다. 하지만 수학에 질색하는 사람이라면 생각하기조차 싫지 않을까? 그런 사람들을 위한 간단한 방법이 있다. 초속에 4를 곱한 다음, 그 값에서 10% 정도를 빼고 킬로미터를 붙이면 된다.

예를 들어 풍속 40미터를 앞의 방식으로 어림셈해보자. 40×4=160, 160-16=144로, 약 140킬로미터이다. 고속도로에서 순찰차에 쫓기고 있을 때 보닛 위에서 받게 되는 풍속이다.

20

인간의 건강을 위협하는 대기오염은?

대기 성분 중에는 오래전부터 존재했던 물질 외에도 최근 들어 활발해진 산업 활동을 통해 새롭
게 추가된 성분도 있다. 대기오염은 새로운 문제를 초래하고 있다.

SOx와 NOx

석탄, 석유 등의 화석연료에는 황(S), 질소(N)가 불순물로 함유되어
있다. 황의 산화물에는 다양한 종류가 있지만 이것들을 한데 묶어서
SOx(삭스)라고 한다.

앞에서 보았듯이 SOx는 물에 녹으면 황산과 같은 산으로 변해 산
성비의 원인이 되는데, 과거 일본에서는 욧카이치 천식의 원인으로
작용하기도 했다. 일본에서의 SOx 농도가 세월의 흐름에 따라 어떻
게 변해왔는지를 나타낸 것이 〈그림 20-1〉이다. 석유의 탈황장치가
일반화된 덕분에 꾸준히 감소하고 있다는 사실이 그저 반가울 따름
이다.

황의 산화물을 SOx라고 부른다면, 질소 산화물은 **NOx**(녹스)라고
부른다. SOx와 마찬가지로 NOx 역시 물에 녹으면 산으로 변한다.
자동차의 배기가스에 함유된 NOx 농도는 1980년 이후 비슷한 수치
로 유지되고 있지만, 줄어들 기미는 없어 보인다.

디젤 자동차의 배기구에는 '삼원 촉매'라 불리는 특수한 촉매가 의

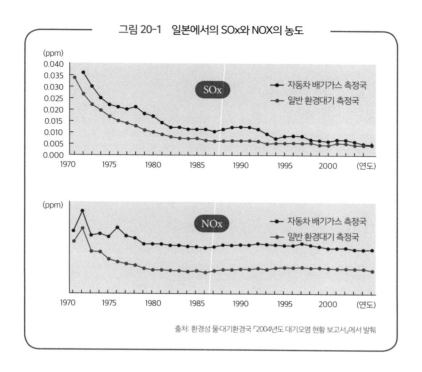

그림 20-1 일본에서의 SOx와 NOX의 농도

(ppm)
SOx
자동차 배기가스 측정국
일반 환경대기 측정국

(ppm)
NOx
자동차 배기가스 측정국
일반 환경대기 측정국

출처: 환경성 물대기환경국 「2004년도 대기오염 현황 보고서」에서 발췌

무적으로 탑재된다. 이 촉매는 일산화탄소(CO)를 이산화탄소(CO_2)로 산화시켜, NOx를 질소(N_2)와 산소(O_2)로 분해하는 뛰어난 능력을 지 녔다. 하지만 자동차 전체로 따지자면 그 효과도 한정적으로 보인다.

VOC, 초미세먼지, 석면분진

휘발성 유기화합물을 VOC라고 부른다. 화학물질은 화학공업의 원료 뿐 아니라 반응용매, 세정제, 용제로 엄청난 양이 사용된다. 이들 용 매, 세정제, 용제는 거의 모두 휘발성 액체이다. 대부분은 사용한 뒤 회수되어 반복적으로 사용된다. 하지만 가정용 페인트의 용제처럼 그 일부는 회수되지 못한 채 대기 중으로 방출되어, 새로운 성분으로 대기에 섞여들게 된다.

대기를 구성하는 성분은 기체뿐만이 아니다. 안개나 구름은 미세한 물 입자로, 기체인 수증기가 아니다. 꽃가루알레르기의 원인인 꽃가루 역시 대기에 섞여 있다.

최근 문제시되고 있는 **초미세먼지**는 지름 2.5μm(마이크로미터, 0.0025mm) 이하의 매우 작은 미립자이다. 호흡을 통해 체내로 유입된 후, 기관지나 폐에 들러붙어 건강에 악영향을 끼칠 우려가 있다. 초미세먼지라 하면 중국이 유명하다. 일본의 국립환경연구소 등에서 중국의 영향에 대해 분석한 결과에 따르면, 전국 170개의 관측소 중 환경 기준치를 넘긴 관측소는 최대 30% 정도라고 한다.

석면(asbestos)은 자연에서 산출되는 광물로, 내연소성이 강한 데다 가격도 저렴해 건축 자재로 널리 이용되었다. 석면은 광물의 일종이지만 매우 가늘기 때문에 공중을 떠다닌다. 이를 흡입하면 폐 깊숙한 곳까지 침입해 폐포(폐 안에서 가스의 교환이 이루어지는 기관으로 허파꽈리라고도 불린다-옮긴이)를 찌른다. 그대로 방치했다간 폐중피종(석면을 흡입했을 때 폐에 발생하는 종양으로, 악성일 경우 완치가 매우 어렵다-옮긴이)으로 발전하는 등 인체에 심각한 손상을 가할 가능성이 있다.

21

광화학 스모그와 오존홀은
어떤 방식으로 위험한 걸까?

지구 대기 오염은 광범위하다. 맑은 날에도 대기 중에서 광화학 스모그 같은 현상이 발생해 우리의 건강에 피해를 입히는 경우가 많다.

대기가 원인으로 작용해 건강에 피해를 입히는 경우는 어떠할까? 예를 들어 맑고 화창한 여름날, 외출을 하면 눈이 따끔거리거나 숨을 쉬기가 어려워지는 경우가 있다. **광화학 스모그** 때문이다. 광화학 스모그는 공기 중의 NOx가 빛을 통해 광화학반응을 일으키면서 생성된 물질이다.

다시 말해 NOx의 일종인 이산화질소(NO_2)가 빛에너지를 흡수하면서 산소(O_2)와 반응해, 일산화질소(NO)와 오존(O_3)으로 변하는 것이다. 이 중에서 오존은 산화력이 강한 물질이다. 대기 중의 유기물을 산화시켜 다양한 산화물을 만들어낸다.

오존을 대표로 하는 산화성 물질을 일반적으로 광화학 옥시던트 (photochemical oxidant)라고 부른다. **광화학 스모그는 다양한 광화학 옥시던트의 상승 작용을 통해 발생하는 현상**인 것이다.

지구에는 유해한 우주선(cosmic ray)이 내리쬐는데, 이를 그대로 받아들였다간 생명체는 살아남을 수 없다. 그럼에도 불구하고 생명체가 존재하는 이유는 오존층이 우주선을 차단해주기 때문이다. 즉

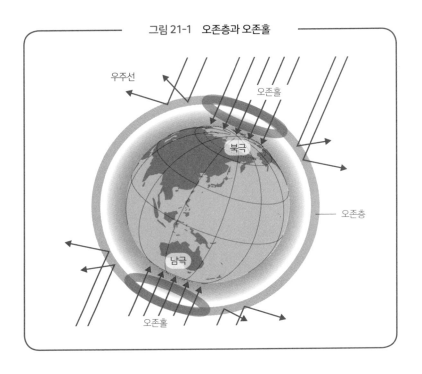

그림 21-1　오존층과 오존홀

우주선

오존홀

북극

오존층

남극

오존홀

오존층은 우주선을 막아주는 천연 방어막인 셈이다.

　그런데 남극과 북극의 오존층에 오존홀이라 불리는 구멍이 뚫려 있다는 사실이 드러났다. 조사 결과, 원인은 **프레온**이었다. 프레온은 자연계에서는 존재하지 않는 화합물로, 1930년대에 미국에서 인공적으로 합성해낸 물질이다.

　프레온은 끓는점이 낮기 때문에 냉장고나 에어컨 등의 냉매, 전자 기기 같은 정밀한 기계를 닦기 위한 세정제, 발포우레탄이나 발포스티롤의 발포제, 그리고 스프레이의 분무제로 널리 이용되었다. 또한 사용을 마친 프레온은 대량으로 대기 중에 방출되었다. 이때 대기로

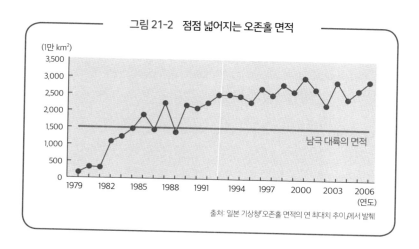

그림 21-2 점점 넓어지는 오존홀 면적

(1만 km²)

3,500
3,000
2,500
2,000
1,500
1,000
500
0

1979   1982   1985   1988   1991   1994   1997   2000   2003   2006
(연도)

남극 대륙의 면적

출처: 일본 기상청 '오존홀 면적의 연 최대치 추이'에서 발췌

확산되어 오존층까지 다다른 프레온이, 바로 오존을 파괴해 오존층에 구멍을 뚫어놓은 장본인이었던 것이다.

이러한 이유로 현재는 프레온의 제조는 물론 사용도 자제하게 되었다. 그 결과 대기 중으로 방출되는 프레온 양은 줄어들었다. 하지만 오존층에 도달한 프레온의 양은 앞으로 몇 년 동안은 계속 증가할 것으로 보인다. 가장 작은 프레온($CCIF_3$)만 하더라도 분자량이 104인데, 평균 분자량이 28.8인 공기보다 크기 때문이다. 따라서 대기 중에 널리 퍼진 프레온이 오존층까지 도달하려면 몇 년의 시간이 필요할 것이다.

제 5 장

대지 환경 구조와 자원,

그리고 오염 문제

22

생명체의 터전인 토양이 만들어지려면
얼마나 시간이 걸릴까?

지구라는 행성은 어떤 구조로 되어 있을까? 이번에는 씨앗을 뿌리고 수확하며 함께 살아가고, 우리 삶을 떠받치는 지구라는 대지에 대해 알아보자.

지구의 구조와 성분은?

지구의 탄생은 지금으로부터 46억 년 전으로 거슬러 올라간다. 지구는 태양 주변을 떠다니던 운석이 한데 모여 생겨난 '지구의 근원'을 중심으로 성장한 것으로 생각된다. '지구의 근원'은 작은 운석에서 서서히 몸집을 키워나갔고, 이윽고 강력한 인력을 얻어 주변의 운석을 끌어들였다. 끌려들어간 작은 운석들은 '지구의 근원'과 강하게 충돌했다.

이러한 충돌 에너지로 지구는 뜨거워졌고, 흐물흐물하게 녹아내려 액체 형태로 변했다. 무거운 물질(철 등)은 중력에 이끌려 '지구의 근원' 중심에 가라앉았고, 가벼운 물질은 바깥쪽으로 떠올랐다. 그 결과 **지구는 비중에 따른 층상구조(層狀構造)를 이루게 되었다.**

우리가 '대지'라 부르며 이용하는 곳은 지구 전체에서 '지각'이라 불리는 부분으로, 지구의 극히 일부에 불과하다. 〈그림 22-1〉은 지구의 단면도이다. 지구는 반지름이 약 6,500km의 구체이지만, 지각의 두께는 겨우 30km밖에 되지 않는다. '지구의 극히 일부분'이라 표현한 데는 이러한 이유가 있다. 지구가 지름 13cm의 원이라면 지각은 0.3mm에 불과하다. 달걀껍질보다도 얇은 셈이다.

지각보다도 안쪽에 있는 **맨틀**은 깊이가 3,000km에 달하는 두꺼운 층이다. 맨틀의 밑에는 **중심핵**이라 불리는 뜨거운 부분이 있는데, 각각 외핵과 내핵으로 나뉜다. 외핵은 온도가 3,000~5,000℃로, 고온의 액체 형태이다. 내핵의 온도는 더욱 뜨거워 태양의 표면 온도에 가까운 6,000℃에 달하지만, 압력과 밀도가 높기 때문에 고체의 형태를 이루고 있을 것으로 추정된다.

지구의 내부가 이처럼 뜨거운 이유는 지구가 처음 생겨났을 때의 열이 아직까지 남아 있기 때문일까? 그렇지 않다. 운석이 충돌하면서 생겨난 열은 일찌감치 우주공간으로 흩어져버렸다. 현재의 열은

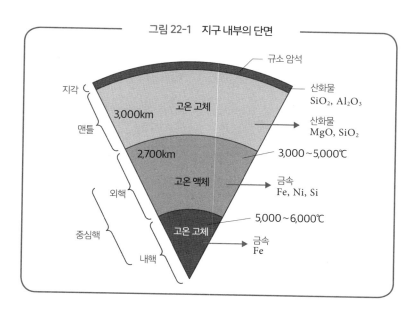

그림 22-1 지구 내부의 단면

지구 내부에 존재하는 우라늄이나 라듐 등의 방사성 원소가 **원자핵 붕괴**를 일으킨 결과이다.

자연 상태에 존재하는 원소의 종류는 불과 90가지 정도에 불과하다. 〈그림 22-2〉의 표는 지구를 구성하는 원소를 존재량의 순서에 따라 나타낸 것이다. 왼쪽에 있는 표는 지구 전체가 기준이며, 오른쪽에 있는 표는 지각이 기준이다. 지구 전체로 보았을 때는 중심핵의 주된 성분 중 하나인 철의 존재량이 가장 큰데, 이것만 놓고 보자면 **지구는 '물의 행성'이 아니라 '철의 행성'**이라 해도 과언이 아니다.

다음으로 많은 원소는 산소지만, 우리에게 친숙한 산소의 형태는 아니다. 이 산소는 기체가 아닌 산화물의 형태를 띠고 있다. 예를 들어 철광석은 산화철(Fe_2O_3)인데, 무게에 따른 비율을 보면 철(Fe)이 70%에 나머지 30%는 산소가 차지하고 있다. 그다음이 규소(실리콘이라고도 한다)이며, 이어서 마그네슘이 규소와 비슷한 수준으로 존재

———————— 그림 22-2 **지구 전체와 지각의 원소 비율의 비교** ————————

지구 전체			지각		
원소		존재량(%)	원소		존재량(%)
철	Fe	32	산소	O	47
산소	O	30	규소	Si	28
규소	Si	15	알루미늄	Al	8
마그네슘	Mg	14	철	Fe	5
황	S	3	칼슘	Ca	4

한다.

한편 지표에서는 어떠할까? 압도적으로 많은 원소는 산소이다. 그 이유는 지각이 대기와 가까운 탓에, 공기 중의 산소를 통해 산화가 진행되기 때문이다. 두 번째는 규소이며 세 번째는 알루미늄으로, 주로 가벼운 원소들이다. 이는 지구가 액체 상태였을 당시, 비중에 따라 층상구조를 이루게 된 결과물이다.

대지는 어떠한 물질로 이루어져 있을까?

우리가 살아가는 육지를 구성하는 물질은 물을 제외하면 암석과 모래, 흙이다. 이들은 어떠한 관계일까? 또 지각을 구성하는 물질의 기본은 광물과 암석이다. 이 두 가지는 어떻게 다를까? 둘의 차이는 다음과 같다.

- **광물**: 일정한 화학조성(특정 화합물을 구성하는 원소의 존재비나 함유량, 등을 두루 일컫는 말-옮긴이)을 지니고 있으며 내부의 성질이 균일한 것
- **암석**: 화학식이 일정치 않으며 성질이 균일하지 않은 것

암석은 생겨난 방식에 따라 화성암, 퇴적암, 변성암, 3가지 종류로 나뉜다. 화성암은 지표로 분출된 마그마가 식은 뒤 굳어서 생겨난 암석으로, 이른바 1차 생성물이다.

퇴적암은 화성암이 비바람에 풍화되어 고운 입자로 변해 물에 떠

내려간 후, 시간이 흘러 쌓이고 단단하게 굳으며 생겨난 암석이다. 2차 생성물인 셈이다. 앞서 언급된 셰일가스가 흡착된 혈암 등이 그 예이다.

변성암은 화성암이나 퇴적암이 지구의 조산운동(대규모의 산맥을 형성하는 변성운동-옮긴이)을 통해 열이나 압력을 받으면서 생겨난 암석이다. 3차 생성물이다.

암석이 풍화되어 작게 바스러지면 토양이 된다. 점토의 일종으로 도자기의 중요한 원료인 카올리나이트(카올린)는 변성암인 화강암이 풍화된 것이다.

하지만 **토양**은 암석의 풍화를 통해서만 만들어지는 것이 아니다. 토양에는 목재나 나뭇잎 같은 유기물이 부식된 것 등 다양한 물질이 섞여 있다. 따라서 **토양은 보수력이 뛰어나며, 생명체에게는 중요한 여러 영양분을 보관하는 역할**을 담당할 수 있다.

이와 같은 토양에 뿌리를 내리고 살아갔던 생명체는 죽은 후, 썩어서 다시 유기물로 변해 토양을 비옥하게 만들어준다. 흙은 이러한 과정 속에서 생겨난 산물인 것이다. 이처럼 '흙'은 무기물만으로 이루어진 존재가 아니라 무기물과 유기물의 혼합물이다.

산은 언뜻 흙으로 이루어진 덩어리처럼 보인다. 하지만 결코 그렇지 않다. 사실 암석 덩어리이다. 토양은 그 위에 얇게 깔린 물질로, 경우에 따라서는 2~30cm 정도밖에 되지 않는다. 흙이 한 자리에 정착할 수 있는 것은 그곳에 심어진 식물 덕분이다. 따라서 산성비 등의 요인에 따라 식물이 죽으면 비옥한 토양은 홍수에 떠내려가고 만다.

암석이 고스란히 드러난 산에 다시금 토양이 돌아오려면 아득해질 만큼 기나긴 시간이 필요할 것이다. 그전에 사막화가 먼저 진행될지도 모른다. 그렇게 된다면 산에 흙이 돌아올 일은 두 번 다시 없을 것이다.

23

판은 맨틀에서 태어나, 맨틀로 돌아간다?

움직이지 않는 것 같은 지구도 운동을 한다. 맨틀은 고체이지만 결코 영원히 움직이지 않을 만큼 굳건하지는 않다. 결국은 변형이 일어난다.

대지는 반석처럼 움직이지 않을 것 같지만 결코 그렇지 않다. 일본의 경우 머지 않아 도카이 대지진(일본 도쿄 인근의 스루가만을 진원지로 삼아 150~400년 주기로 발생한다고 하는 대지진으로, 가장 최근에 발생한 지진으로 1854년 안세이 도카이 지진이 있다-옮긴이)이 발생할 것으로 예상되며, 먼 훗날에는 대륙 자체의 형태가 바뀌고 말 것이다. 대지 역시 변화한다는 뜻이다.

현재 지구의 육지는 유라시아 대륙이나 남북아메리카 대륙, 아프리카 대륙 등, 몇 개의 대륙이나 섬으로 이루어져 있다. 하지만 수억 년 전의 지구상에는 유일한 대륙, 판게아(Pangaea)만이 존재했을 것으로 보인다.

그랬던 지구가 어쩌다 지금과 같은 모습을 이루게 되었을까? 그 사실을 밝혀낸 이론이 바로 판 구조론이다. 이 이론은 독일의 지구물리학자 알프레드 베게너가 1912년에 '대륙이동설'이라는 이름으로 발표했지만, 오랫동안 황당무계한 헛소리로 치부되었다. 그러나 지금은 판 구조론으로서 모두가 인정하는 이론으로 자리를 잡았다.

그림 23-1 전 세계의 지각 판

북아메리카판

유라시아판

북아메리카판

카리브판

코코스판

아프리카판

아라비아판

필리핀해판

태평양판

나스카판

남아메리카판

인도·오스트레일리아판

태평양판

남극판

이 이론에 따르면 현재의 육지는 판게아가 여러 개로 분열된 결과
물이다. 각각의 육지와 해양은 각각 판이라 불리는 암반에 놓여 있
다. 전부 십여 장의 판이 존재하는데, 두께는 100km 정도이다.

판은 맨틀에 놓여 있다. 맨틀은 고체이지만 결코 영원히 움직이지
않을 만큼 굳건하지는 않아, 같은 방향으로 오랫동안 힘을 받다 보면
결국은 변형을 일으킨다. 이것이 판이 이동하는 원인으로 추정된다.
각각의 판들은 복잡한 움직임과 변형을 되풀이하다가, 그 결과 지금
의 지구와 같은 모습을 이루게 되었다.

판은 영원히 존재하지는 않는다. **판에도 탄생과 소멸이 있다.** 판은 바
닷속에 있는 거대한 산맥인 해령(海嶺)에서 탄생한다. 해령의 중심에
는 중축곡(리프트 밸리)이라 불리는 갈라진 부분이 있는데, 이곳에서
땅속의 맨틀이 밀려나온다. 이 맨틀이 바닷속에서 식으며 판이 되는

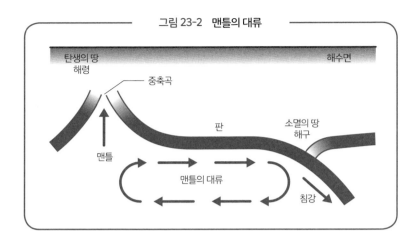

그림 23-2 맨틀의 대류

것이다(《그림 23-2》).

이러한 움직임에 밀려나듯이 이동한 판은 다시 맨틀로 잠겨서 사라진다. 이 장소가 바닷속에서도 특히 깊은 곳, 바로 해구(海溝)라 불리는 부분이다.

지진은 자연재해 중에서도 인간의 삶에 큰 피해를 안겨주는 재해이다. 지진이 연안, 혹은 해저에서 발생하면 해일이 생겨나 연안지대에 한층 심각한 피해를 끼치게 된다. 2011년에 발생한 동일본대지진이 그 좋은 사례이다.

지진의 원인은 크게 2가지로 나눌 수 있다. 하나는 판의 이동이다. 앞에서 보았듯이, **판은 바닷속 해령에서 태어나며 해구에서 맨틀로 돌아가 소멸**한다. 즉 해구에서는 하나의 판이 다른 판의 밑으로 파고들어가게 되는 것이다. 이때 다른 판 역시 끌려들어가듯이 잡아당겨지게 된다. 그러다 한계에 달했을 때, 판은 튕겨나가듯 본래대로 되돌아가고,

그때까지 축적된 변형 에너지(Strain energy)를 뿜어낸다. 이 변형 에너지가 거대한 지진으로 나타나게 된다.

지진의 또 다른 원인은 바로 **활단층**이다. 활단층은 최근 200만 년 이내에 지진을 일으킨 적이 있는 단층을 가리킨다. 판 이동과 함께 활단층 주변의 암반 역시 해마다 수 mm를 이동하고 있다. 그리고 이동을 위한 변형 에너지가 한계에 달하면 활단층의 양쪽에서 암반의 급격한 이동이 발생하고, 이는 지진으로 이어지게 된다.

환경과 과학

판 구조론

세계지도를 보면 복잡한 형태를 한 몇몇 대륙이 있다. 이들 대륙이 과거에는 하나의 거대한 대륙이었고, 그런 대륙이 뿔뿔이 흩어진 결과, 지금과 같은 형태로 자리를 잡게 되었다는 이론이 바로 판 구조론이다.

이 이론은 알프레드 베게너가 1912년에 주장했다. 대서양을 사이에 두고 마주보는 남북아메리카 대륙과 유럽·아프리카 대륙의 해안선의 요철이 일치하는 것처럼 보인다는 것 등이 주장의 근거였다. 하지만 이 학설은 대륙을 이동시키는 원동력을 제대로 설명할 수 없었기 때문에 당시 학계에서는 받아들여지지 않았고, 얼마 지나지 않아 사장되고 말았다.

그러다가 제2차 세계대전이 끝난 뒤 '자극(磁極)의 이동' 등이 연구되면서 대륙이 이동했다는 사고방식이 타당하다는 사실이 밝혀졌고, 베게너의 대륙이동설이 부활했다. 대륙의 대규모 이동은 맨틀 내부의 열대류(맨틀 대류)가 원인으로 보인다.

24

화석연료는 도대체 어디에서 왔을까?

석탄, 석유, 천연가스 같은 매장자원은 유한한 자원으로, 언젠가는 고갈된다. 앞으로 몇 년이나 더 이용할 수 있을지 역시 알 수 없다.

지각에 존재하는 원소들

대지는 우리에게 수많은 선물을 선사한다. 철, 구리, 금 등의 각종 금속은 물론이고, 석탄, 석유, 천연가스와 같은 화석연료도 대지의 은 총이라 할 수 있다.

금속은 우리의 생활 속에서 빠지지 않는다. 〈그림 24-1〉는 지각에 존재하는 원소를 존재량(%) 순으로 나열한 것이다. 이 수치를 추정해 낸 미국의 지구화학자 F. W. 클라크의 이름에서 유래하여 **클라크수**라고 부른다.

지각 내부에 많이 존재하는 원소는 채굴하기도 쉬울 듯하지만, 꼭 그렇지만도 않다. 예를 들어 존재량 23위인 바나듐(V)과 25위인 구리(Cu)의 존재량은 비슷하다. 하지만 구리처럼 광상(광물이 많이 모여 있는 부분-옮긴이)을 형성하는 금속은 한 자리에 모여서 산출되므로 채굴하기 쉬울 뿐더러 이용하기도 쉬운 원소이다. 반면에 바나듐은 광상을 형성하지 않은 채 낮은 농도로 넓게 존재하기 때문에 많은 양을 채굴하기가 어렵다.

그림 24-1　지각에 존재하는 원소의 순위를 나타내는 클라크수

순위	원소	클라크수	순위	원소	클라크수
1	산소	49.5	14	탄소	0.08
2	규소	25.8	15	황	0.08
3	알루미늄	7.56	16	질소	0.06
4	철	4.70	17	플루오린	0.03
5	칼슘(나트륨)	3.39	18	루비듐	0.03
6	소듐(칼륨)	2.63	19	바륨	0.03
7	포타슘	2.40	20	지르코늄	0.023
8	마그네슘	1.93	21	크로뮴	0.02
9	수소	0.83	22	스트론튬	0.02
10	타이타늄	0.46	23	바나듐	0.015
11	염소	0.19	24	니켈	0.01
12	망가니즈	0.09	25	구리	0.01
13	인	0.08			

　대략 비중이 대략 5보다 낮은 금속을 **경금속**, 그보다 높은 금속을 **중금속**이라 한다. 소듐(Na, 비중 0.97)이나 알루미늄(Al, 2.7)은 경금속이며, 철(Fe, 7.8)이나 납(Pb, 11.3)은 중금속이다. 중금속 중에는 유해한 금속이 있으므로 취급에 주의가 필요하다. 이와 같은 금속으로 주목받는 물질로는 납(Pb), 수은(Hg), 카드뮴(Cd), 탈륨(Tl) 등이 있다. 우라늄(U)이나 토륨(Th) 등은 방사성 원소로서 중요한 자원이지만 독성으로 따지자면 유해 금속이다.

희소금속·희토류

유용한 금속이지만 산출이 적은 금속을 **희소금속**이라고 한다. 일본의 경우 과학 산업에 중요한 금속원소 55종을 희소금석으로 지정했다(한국은 56종을 희소금속으로 지정했다-옮긴이). 그중에서 17종은 화학적으로 비슷한 성질을 띤 원소로, 이러한 원소군은 따로 구별해 **희토류**라고 부른다.

희토류는 발광성, 자성 등을 지녔거나 레이저 발진능력이 있어 그야말로 현대과학의 산물과도 같은 금속이다. 그 외 38종의 희소금속은 철의 합금으로 사용해 경도나 내식성, 내열성을 높이는 용도 등 주로 구조재 성능을 높이는 데 이용된다.

그림 24-2 희소금속과 희토류

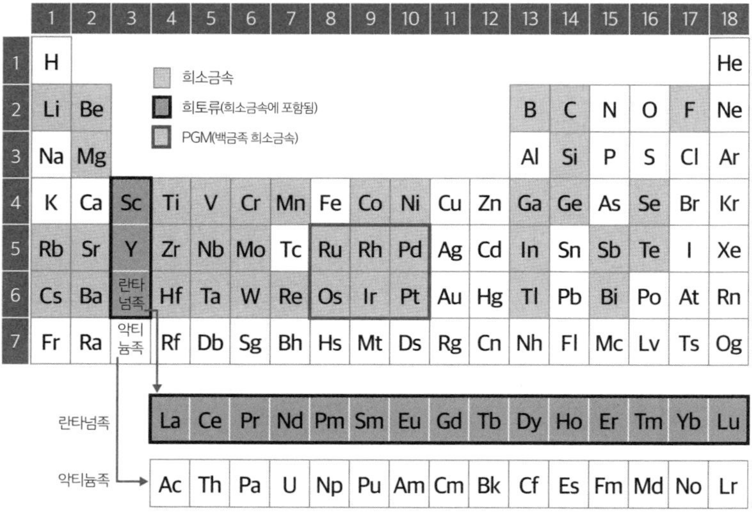

범례:
- 희소금속
- 희토류(희소금속에 포함됨)
- PGM(백금족 희소금속)

1	2	3	4	5	6	7	8	9	10	11	12	13	14	15	16	17	18
H																	He
Li	Be											B	C	N	O	F	Ne
Na	Mg											Al	Si	P	S	Cl	Ar
K	Ca	Sc	Ti	V	Cr	Mn	Fe	Co	Ni	Cu	Zn	Ga	Ge	As	Se	Br	Kr
Rb	Sr	Y	Zr	Nb	Mo	Tc	Ru	Rh	Pd	Ag	Cd	In	Sn	Sb	Te	I	Xe
Cs	Ba	란타넘족	Hf	Ta	W	Re	Os	Ir	Pt	Au	Hg	Tl	Pb	Bi	Po	At	Rn
Fr	Ra	악티늄족	Rf	Db	Sg	Bh	Hs	Mt	Ds	Rg	Cn	Nh	Fl	Mc	Lv	Ts	Og

란타넘족: La Ce Pr Nd Pm Sm Eu Gd Tb Dy Ho Er Tm Yb Lu

악티늄족: Ac Th Pa U Np Pu Am Cm Bk Cf Es Fm Md No Lr

2020년 10월 기준 일본 경제산업성이 정의한 희소금속

희토류는 전 세계에서 산출되며 일본에서도 산출되고 있다. 하지만 방사성 원소가 부수되는 등 정련에 어려움이 따르기 때문에 현재 시중에 판매되고 있는 희토류는 대부분 중국산이다.

화석원료가 무엇인지는 아직 정확히 밝혀지지 않았다

태곳적에 살아가던 생물이 연료로 모습을 바꾼 것을 **화석연료**라고 부른다. 대표적으로 석탄, 석유, 천연가스가 있다. 이들은 유한한 자원으로 언젠가는 고갈될 운명에 처해 있다. 하지만 그 정확한 매장량은 알려져 있지 않아, 앞으로 몇 년이나 더 이용할 수 있을지 역시 알 수 없다.

일반적으로 말하는 **매장량**은 '가채매장량(可採埋藏量)'으로, 현재 알려진 매장량 중에서 '채굴이 가능한 매장량'을 가리킨다. 해당 자원을 현재의 소비 속도로 사용했을 경우, 앞으로 더 채굴할 수 있는 햇수가 가채연수(可採年數)이다. 따라서 훗날 새로운 매장 자원이 발견되거나, 채굴 기술이 발전하거나, 에너지 절약 기술이 발달한다면 가채매장량과 가채연수는 얼마든지 증가할 가능성이 있는 셈이다.

그림 24-3　석유, 석탄, 천연가스, 우라늄의 매장량

	석유	천연가스	석탄	우라늄
확인된 가채매장량	1조 7,297억 배럴*	197조 m³*	1조 548억 톤*	614만 톤**
가채연수	64년	62년	218년	166년

출처: *은 'BP통계 2019', **은 OECD·JAEA(Uranium2018)에서 발췌 및 편집

석유가 생겨난 기원에 대해서는 여러 가지 설이 있다. 보통 석유는 미생물의 시체가 땅속의 열과 압력에 따라 변화하여 생겨난 물질이라는 유기기원설을 배운다. 또 석유는 지하의 화학반응을 통해 생겨난다는 무기기원설을 가르치는 국가도 있다고 한다.

무기기원설은 탄화칼슘, 즉 칼슘카바이드(CaC_2)가 물과 반응하면 탄화수소인 아세틸렌(C_2H_2)이 생성되는 것과 같은 반응이다. 아세틸렌은 불에 잘 타는 기체이다. 산소와의 혼합물을 태운 산소 아세틸렌 불꽃은 온도가 거의 3,000℃까지 올라가기 때문에 철의 용접에 사용된다.

에틸렌이 중합(같은 화합물의 분자가 2개 이상 결합하여 다른 화합물로 변하는 반응-옮긴이)되면 폴리에틸렌으로 변하듯이, 아세틸렌이 중합되면 전도성 고분자로 유명한 폴리아세틸렌이 된다. 무기기원설은 이와 같은 물질이 석유로 모습을 바꾸었다는 설이다. 이 이론에 따르자면 석유는 지금도 생성되고 있는 셈이니 석유는 무한정 존재한다는 말이나 마찬가지이다.

$$CaC_2 + H_2O \longrightarrow C_2H_2 + CaO$$

21세기 초, 미국의 유명한 천문학자인 토머스 골드는 행성이 탄생할 때 그 중심부에 방대한 양의 탄화수소가 생겨난다는 학설을 발표했다. 탄화수소가 비중에 따라 지표로 새어 나올 때, 땅속의 열과 압력을 받아 석유로 변화한다는 것이다. 이 이론을 따르더라도 석유는 무한정으로 존재하는 셈이다.

그 외에도 미생물 생성설이 있다. 일본의 젊은 연구자들이 중심이 되어 신종 미생물을 발견했는데, 이 미생물은 이산화탄소를 먹고 석유를 생산한다. 이 석유는 품질이 뛰어나 정제하지 않아도 그대로 내연기관의 연료로 사용할 수 있다고 한다. 이 미생물을 배양한다면 공장의 탱크에서 석유를 만들 수 있게 된다. 시험 설비는 이미 가동되고 있으며, 좋은 성과를 거둬들이고 있다고 한다.

25

땅속에 폐기되는 플라스틱과 중금속은 어떻게 되는 걸까?

토양오염은 어떤 과정을 통해 생기는 걸까? 유기물 대부분은 땅속 세균을 통해 분해되지만, 분해되지 않는 것도 있다. 바로 플라스틱이다.

농업뿐 아니라 모든 생산 활동은 대지 위에서 이루어진다. 그리고 생산 활동의 결과 생겨난 부산물, 폐기물 등의 일부는 땅속으로 배출되기 마련이다.

땅속으로 배출된 유기물 중 대부분은 땅속 세균을 통해서 분해된다. 하지만 개중에는 잘 분해되지 않는 물질도 있다. 플라스틱은 잘 분해되지 않은 유기물의 대표주자이다. 실제로 땅속에 묻힌 플라스틱은 환경오염의 상징처럼 받아들여졌다. 그런데 최근에는 박테리아

그림 25-1 보급이 시급한 친환경 생분해성 플라스틱

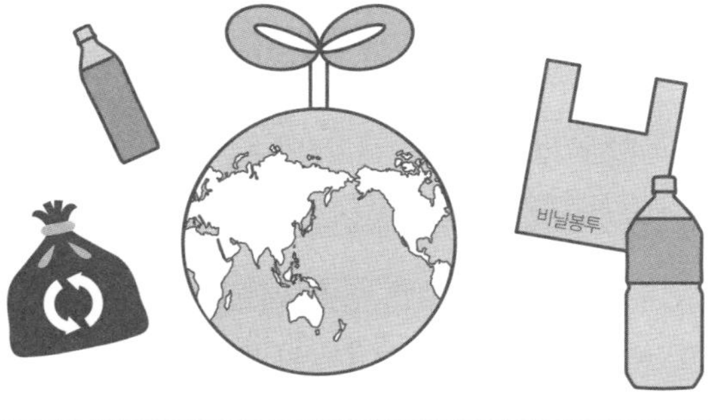

로 분해되는 **생분해성 고분자도** 개발되고 있다.

DDT나 BHC 같은 살충제처럼 유기염소화합물 역시 잘 분해되지 않는 물질 중 하나다. 이러한 물질로는 정밀한 전자부품을 닦을 때 사용되는 트라이할로메탄이나 트라이클로로에틸렌 등이 있다. 이들은 발암성까지 의심되는 위험한 물질들이다.

2018년, 일본 도쿄의 쓰키지 시장이 도요스로 이전되면서, 도요스의 지하수가 벤젠으로 오염되어 있었다는 사실이 밝혀져 문제가 되었다. 과거 그 자리에 세워져 있었던 가스회사 때문에 발생한 토양오염이 원인이었다. 이와 유사한 문제들은 공장 부지가 택지로 전환될 때마다 번번이 발생하고 있다.

일본은 공장이나 가정에서 배출된 폐기물 중 음식물 쓰레기는 그대로 매립하여 폐기하지만 가연성 쓰레기는 소각해서 처리한다. 소각하더라도 재나 타지 않는 물질이 남는데, 이것들은 땅속에 묻어서 폐기한다. 이렇게 묻어서 폐기한 쓰레기에 중금속 류가 섞여 있는 경우가 있다. **중금속 중에는 연소를 통해 산화되어 물에 잘 녹는 상태로 변하는** 물질도 있다. 이러한 물질은 지하수에 섞여서 배출되기도 하고, 지표나 강으로 유출되어 환경 순환에 편입되기도 한다.

앞서 언급했던 일본 도야마현 진쓰강 유역에서 발생한 이타이이타이병은, 진쓰강에 폐기된 카드뮴이 진쓰강 유역의 토양으로 유출되면서 벌어진 토양오염이 원인이었다.

26

급속한 사막화의 원인과 해결책은?

전 세계 육지의 4분의 1일 사막인데, 전 세계적으로 사막 지역이 점점 넓어지고 있다. 녹지의 사막화를 저지할 수 없는 걸까?

사막화가 진행 중인 지구 환경

사막이라고 하면 세헤라자데가 나오는 아라비안나이트가 떠오를지 모르겠다. 혹은 **사막**이란 무엇이냐 물으면 '비가 내리지 않으며 모래로 뒤덮인 곳'이란 막연한 대답이 돌아올 듯하다. 구체적으로는 연간 강수량이 250mm 이하인 지역, 혹은 강수량보다 증발량이 많은 지역을 사막이라 부른다.

현재는 **전 세계 육지의 4분의 1이 사막**이다. 가장 넓은 곳은 사하라 사막으로 860만 km²이다. 게다가 사막의 면적은 점점 넓어지고 있어, 해마다 약 40만 km²의 땅이 사막으로 변해간다. 여기까지 들으면 보통 일이 아니구나 싶을 것이다. 3장에서 다뤘듯이 사막화는 산성비와 같은 인위적인 요소가 크다고 한다. 우선 산성비를 제외한 원인을 살펴보자.

우선 '염류의 집적'이 있다. 여기서 말하는 '염'이란 소금(염화소듐, NaCl)뿐 아니라 각종 금속 이온을 포함한 무기화합물을 가리킨다. 따라서 각종 화학비료 또한 염류의 일종인 셈이다. 이와 같은 염류가

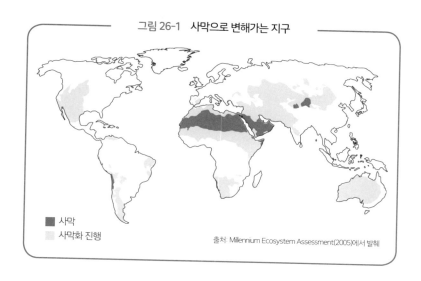

그림 26-1　사막으로 변해가는 지구

■ 사막
░ 사막화 진행

출처: Millennium Ecosystem Assessment(2005)에서 발췌

특정한 지역에 고농도로 누적되는 현상을 **염류집적**이라고 부른다.

　염류는 화학비료의 과다한 사용이나 해수면 상승과 동반한 염수의 상승 등 다양한 원인을 통해서 지표에 누적된다. 피해가 심각해졌을 경우에는 지표면 곳곳에 하얀 결정의 형태로 염류가 나타난다. 이렇게 되면 식물은 피해를 입어 자라지 못하게 되고, 최종적으로는 사막으로 변하고 만다.

　이러한 환경을 개선하기는 매우 어렵다. 염류집적이 발생한 이후의 대책으로는 다음과 같은 방법이 있으나, 모두 시간과 비용이 필요하다.

① 물을 채워서 염분을 녹인다.
② 흙을 교체한다(객토).
③ 옥수수처럼 비료를 흡수하는 힘이 강한 작물로 염류를 흡수한다.

사막화의 인위적 요인으로는 그 외에도 과도한 경작에 따른 염류 집적, 지나친 방목에 따른 풀의 고갈, 삼림 벌채에 따른 보수력 저하 등이 손꼽힌다.

하지만 이는 표면으로 드러난 원인일 뿐, 문제의 배후에는 급격하게 불어난 인구 문제가 있다. 전 세계 인구는 엄청난 기세로 증가하고 있다. 1950년에는 25억 명이었던 인구는 2000년에는 61억 명, 2020년에는 77억 명까지 늘어났다. 이대로 가다가는 2030년에는 85억 명, 2055년에는 100억 명을 돌파할 것으로 예측된다.

이 정도의 인구를 부양하려면 그만한 농산물이 필요해진다. 그러면 그만큼 농지는 혹사당하게 되고, 결과적으로는 토양의 힘이 약해지거나 염류가 집적되는 현상이 발생하여 토지는 서서히 사막으로 변해가게 된다.

사막이라 하면 아프리카나 서아시아, 중국 내륙부에 한정된 이야기처럼 느껴질지도 모르겠다. 하지만 북아메리카와 같이 녹지로 뒤덮인 곳 중 대규모 농업을 실시하는 지역에서는 사막화가 서서히 진행되고 있다.

사막을 녹지로 바꿀 수 있을까?

지구의 육지에서 사막이 차지하는 면적은 해마다 확대되고 있다. 녹지의 사막화를 저지할 수단, 나아가 사막을 녹지로 바꿀 수단은 정말로 없는 걸까?

우선 화학적인 녹화 방법으로 고흡수성 수지를 이용하는 방법이 있다. 고흡수성 수지란 종이 기저귀의 성분을 가리킨다. 플라스틱의 일종으로, 자신의 무게보다 1,000배나 무거운 물을 흡수하는 물질이다. 이 고흡수성 수지를 사막에 묻어서 물을 충분히 흡수케 한 뒤, 그 위에 식물을 심는 것이다. 이러면 급수 간격을 넉넉하게 잡을 수 있기 때문에 물을 대는 비용과 노력을 줄일 수 있다.

사막이라 하면 모래언덕인 사구가 자동으로 떠오를 것이다. 사막에서도 가장 처치 곤란인 요소가 바로 사구라 할 수 있다. 사구는 바람의 영향을 받아서 이동한다. 따라서 식물을 심더라도 뿌리가 노출되어 쓰러지고, 반대로 식물이 모래에 파묻혀 시들어버리기도 한다.

이를 막으려면 나무가 무성해질 때까지 모래의 이동을 막는 것이 중요하다. 이를 위해 고안된 방식이 바로 **사구울타리**이다. 사구울타리는 **보릿짚 등의 풀이나 관목 가지를 바둑판 형태로 땅속에 심어서 모래의 이동을 억제하는, 일종의 사방공법(砂防工法)이다.**

사구울타리 안에 처음으로 심을 식물은 뿌리혹박테리아를 통해 공중 질소 고정 작용을 일으키는 콩과 식물이 적합하다고 한다. 콩과 식물이 어느 정도 무성해지면 토양 내부의 질소 성분이 늘어나면서 토지 생산력이 증가하게 된다. 사구울타리를 통해 사구의 이동을 막고 토양 내부의 질소 성분이 증가한다면, 사막화의 진행을 저지하는 것도 가능하다.

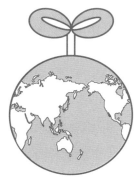

제 6 장

인구 폭발과

식량 위기의 대처

27

전 세계 인구가 10분의 1로 줄면 환경 문제가 없어질까?

2021년 중반 기준으로 전 세계 인구가 78억 명을 넘어섰다. 현재 우리가 겪고 있는 환경 문제의 가장 큰 문제가 바로 인구 문제이다.

갈수록 증가하는 세계 인구

현재 환경 문제에서 가장 큰 문제점은 '인구 문제'이다. 대기 환경, 물 환경, 대지 환경, 모두 고유한 문제점이 있다. 하지만 가장 큰 문제는 '인구가 너무 많다'는 사실이 아닐까?

앞에서 기본적인 환경 문제를 열거해왔다. 그런데 만약 지구상 인구가 지금의 10분의 1이었다면 그러한 문제가 발생했을까? 작은 파이(지구)에 너무나 많은 인구가 몰려든다. 현대의 환경 문제는 기본적으로 여기에 있다. 이렇게나 늘어난 인구를 지속적으로 부양하려면 어떻게 해야 할까? 우선 기본적인 문제는 '이 정도의 인구를 부양할 식량을 어떻게 조달할 것이며, 그 결과 반드시 발생할 환경 문제를 어떻게 해결할 것인가'이다.

세계의 인구는 오랫동안 완만한 추세로 증가해왔다. 그러다가 19세기 말부터 21세기에 걸쳐, '인구 폭발'이라 불릴 정도의 속도로 갑작스럽게 급증했다.

〈그림 27-1〉은 시간의 흐름에 따른 세계 인구의 변화를 나타낸 것

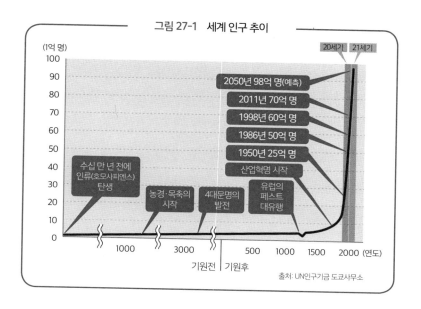

그림 27-1　세계 인구 추이

(1억 명)

- 2050년 98억 명(예측)
- 2011년 70억 명
- 1998년 60억 명
- 1986년 50억 명
- 1950년 25억 명
- 산업혁명 시작

수십 만 년 전에
인류(호모사피엔스)
탄생

농경·목축의
시작

4대문명의
발전

유럽의
페스트
대유행

기원전 | 기원후

20세기 | 21세기

출처: UN인구기금 도쿄사무소

이다. 서기 1년경 약 1억 명(추정)이었던 인구는 1000년 후에 약 2억 명(추정)으로 늘어났다. 2배로 늘어나기까지 약 1000년이 걸린 셈이다. 그로부터 900년 후인 1900년에 세계 인구는 약 16억 5,000만 명까지 늘어났다. 16배이다.

문제는 그다음이다. 특히 제2차 세계대전 이후로 현저한 증가세를 보인다. 1950년에 25억 명을 돌파하나 싶더니, 50년 뒤인 2000년에는 그 2배가 넘는 61억 명까지 폭발적으로 증가했다. 이어서 10년이 지난 2011년에는 70억 명을 돌파했다. 2021년 6월을 기준으로는 78억 명인데, 2055년에는 100억 명을 넘으리라 예상된다.

하지만 세계 인구 증가율은 1965년~1970년에 기록한 2.06%가 최고점으로, 증가율 자체는 꾸준히 감소하고 있다. 물론 일정 기간 동안 인구는 계속해서 증가하겠지만, 당장은 인구 폭발의 위기도 멀어진 것으로 보인다.

인구 폭발의 원인은 무엇일까?

인구 폭발의 시발점은 산업혁명 시기와 일치한다. 산업혁명이 인구 폭발로 이어진 원인으로 다음을 꼽는다.

① 공업 생산량의 증가로 무역을 통해 타 지역의 식료품과 교환할 수 있게 된다.
② 의료 기술의 발달로 사망률이 저하된다.
③ 화학비료·농업 기계가 생산되고 전력을 사용하게 되면서 곡물의 산출량이 높아졌다.

화학비료가 탄생하기 이전에는 단위 면적당 농작물 양에 한계가 있었다. 농작물의 증산이 인구 증가를 따라잡지 못한 결과(기근), 인구의 증가세는 정체 상태에 놓여 있었다. 그러다가 뒤에서 자세히 설명할 **하버 보슈법**으로 **질소계 화학비료가 탄생**하면서, 인구 증가를 감당해낼 정도의 생산량을 확보할 수 있게 되었다.

도시화에 따른 인구 이동으로 출산율이 늘어났다는 견해도 있다. 즉 산업혁명 이후로 도시로의 인구 집중이 가속되자 청년층 노동자들이 농촌을 떠나 대량으로 도시에 집중된 것이다. 농촌에서의 다양한 도덕·문화·제도적 제약에서 벗어난 젊은이들은 도시에서 많은 아이를 낳게 되었다고 한다. 그럼으로써 도시에서는 인구의 유입과 함께 인구의 자연증가율도 높아지게 된 것이다.

　얼핏 기계적으로 보이는 인구 증가라는 현상에 인간의 도덕률, 사회적 규범이 관계되어 있다는 이러한 견해는 우리에게 중요한 관점을 제시하고 있는 것이 아닐까?

28

인류를 굶주림에서 구해낸 공중 질소 고정이란?

사람이 생존을 하려면 먹을 것이 필요하고, 인간의 주식은 곡물이다. 과거에는 불가능했던 곡물의 대량생산은 인공 '공중 질소 고정'이 실현되면서 가능해졌다.

3대 영양소 중에서도 가장 중요한 질소

인구 증가가 초래한 가장 큰 문제는 식량 문제이다. 안타깝지만 인간은 식량 없이 살아남을 수 없다. 인구가 늘어나면 늘어난 인구수에 걸맞게 식량의 생산량을 늘려야만 한다. 그리고 식량 중에서도 특히 중요한 것은 주식이라 할 수 있다.

인간은 잡식동물이라고는 하지만 주식은 곡물이다. 물론 곡물만으로는 충분히 만족하기 어렵겠지만, **곡물만 있다면 굶주림은 피할 수 있다.** 곡물은 식물이다. 식물에 필요한 영양소는 17가지(필수 요소)로, 그중에서도 3대 영양소라 불리는 매우 중요한 영양소가 있다. 바로 '질소(N), 인(P), 포타슘(K)'의 3종이다.

질소(N)는 줄기나 잎을 크게 키워주는 작용을 한다. 그렇기 때문에 '잎거름'이라 불리기도 한다. 뿐만 아니라 식물의 몸을 구성하는 데 필요한 단백질, 광합성을 위한 엽록소 등에 필요한 영양소이기도 하다. 그래서 **질소는 3대 영양소 중에서도 가장 중요한 영양소**로 받아들여지고 있다. 그리고 인(P)은 꽃의 개화나 결실에 결정적인 영향을 주는 영양

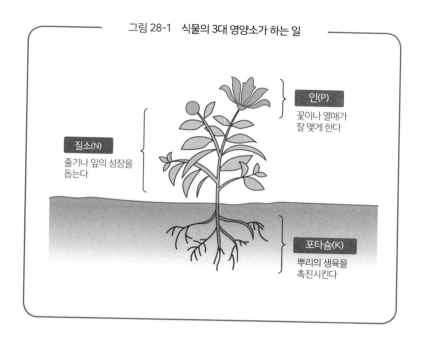

그림 28-1　식물의 3대 영양소가 하는 일

인(P)
꽃이나 열매가
잘 맺게 한다

질소(N)
줄기나 잎의 성장을
돕는다

포타슘(K)
뿌리의 생육을
촉진시킨다

소이며, 포타슘(K)은 뿌리의 생육을 돕는 작용을 한다.

　질소 분자(N_2)는 공기에서 거의 80%를 차지하고 있다. 본래대로라면 무한정 존재하는 자원인 셈이다. 그런데 콩과 식물을 제외한 나머지 식물들은 질소 분자, 다시 말해 '공중 질소'를 그대로 비료로 이용하지 못한다. 암모니아(NH_3), 혹은 질산(HNO_3)과 같은 분자의 형태로 만들어야만 식물 내부로 받아들일 수 있는 것이다. 이것을 '공중 질소 고정'이라고 부른다.

공기에서 빵을 만들어낸 남자

자연계에서는 공중 질소 고정이 실시되고 있다. 하나는 생명체 안의

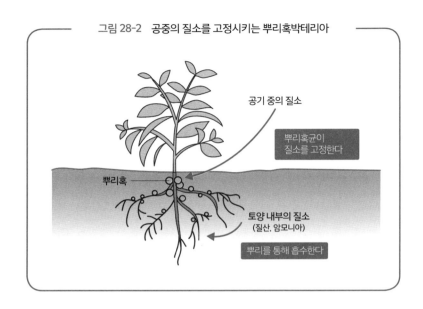

그림 28-2 공중의 질소를 고정시키는 뿌리혹박테리아

공기 중의 질소

뿌리혹균이
질소를 고정한다

뿌리혹

토양 내부의 질소
(질산, 암모니아)

뿌리를 통해 흡수한다

효소를 이용한 방법이다. 하지만 이 방법을 쓸 수 있는 식물은 한정
적이다. 앞서 언급한 콩과 식물 정도가 고작이다.

또 다른 방법은 전기 불꽃, 다시 말해 번개와 벼락이다. 전기 불
꽃을 통해 질소가 산소와 반응하여 NOx로 변하고, 이것이 물에 녹
아 질산염의 형태로 토양에 고정된다. 그런데 공중 질소 고정을 인
공적으로 구현해낸 남자가 나타났다. 독일의 두 과학자, 프리츠 하버
(1868~1934)와 카를 보슈(1874~1940)다.

두 사람은 촉매가 존재한다는 조건하에서 공기 중의 질소가스(N_2)
와 물을 전기분해하여 얻어낸 수소가스(H_2)를 온도 400~600℃, 압
력 200~1,000 기압이라는 고온·고압의 환경에서 반응시켜 암모니아
(NH_3)를 합성하는 데 성공했다(그림 28-3). **인공적인 공중 질소의 고정은**

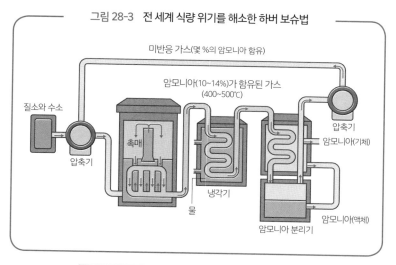

그림 28-3 전 세계 식량 위기를 해소한 하버 보슈법

카를 보슈

프리츠 하버

인류사에 남을 위대한 업적이었다. 이 방법은 두 사람 이름에서 따 **하버 보슈법**이라 불렸고, 이후 두 사람은 노벨화학상을 수상했다.

하버 보슈법의 의의는 화학비료를 탄생시켰다는 사실이다. 암모니아(NH_3)가 있으면 질산(HNO_3)을 만들기란 간단하다. 또한 질산이 있다면 초석(질산포타슘, KNO_3), 초안(질산암모늄, NH_4NO_3)을 만들기란 무척 쉬운 일이다.

초석, 초안 모두 분자 안에 질소 원자(N)를 지니고 있다. 다시 말해 식물에게는 질소의 공급원인 **질소비료**, 즉 화학비료가 되는 셈이다. 지력(地力)이 약한 땅에서도 이러한 화학비료를 뿌리면 작물이 결실을 맺게 되면서, 수확한 곡물로 주식을 만들 수 있게 되었다. 이러한 이유로 하버와 보슈는 **공기에서 빵을 만들어낸** 남자라고 불리게 되었다. 하버 보슈법을 통해 훗날 수십 억 명의 인류가 굶주림에서 벗어난 사실을 생각하면, 엄청난 업적이다.

29

전 세계에 거대 전쟁을 불러들인 강력한 폭탄의 탄생?

질소는 공중에서 빵을 만들어냈지만, 강력한 폭탄도 만들어내어 전 세계를 뒤덮는 세계대전을 불러일으키게 된다.

앞에서 다룬 하버 보슈법은 앞에서 언급했듯이 '공중에서 빵을 만들어내는' 것에 성공해 식량의 위기에서 인류를 구해냈다. 이는 놀라운 공적이었지만 동시에 무시무시한 물질의 발명으로도 이어졌다. 바로 '폭약'이었다. 이렇게 폭약이 탄생하면서 세계적 규모의 전쟁마저 가능해졌다.

폭발은 연소의 일종이지만, 일반적인 연소와의 차이는 '고속으로 진행되는 연소'라는 점에 있다. 물질이 연소되려면 산소(O)가 필요하다. 평범한 연소에서 산소는 공기 중의 산소가스(O_2)를 이용한다. 하지만 고속 연소인 폭발에서는 공기 중의 산소만으로는 부족하다. 따라서 폭약 안에 산소를 공급할 물질을 섞어야 한다. 이 물질을 **연소 촉진제**라고 부른다.

예로부터 화약이라 불리며 조총 등의 발사약이나 불꽃놀이용 화약으로 이용되었던 것이 **흑색화약**이다. 흑색화약은 목탄 가루, 황, 초석을 섞은 물질이다. 목탄 가루 때문에 검게 보인다는 이유로 흑색화약이라 불린다.

여기에서 화약의 연료는 '목탄'과 '황', 2가지이다. 그리고 나머지 성분인 초석(질산포타슘, KNO_3)이 연소 촉진제의 역할을 맡는다. 분자식인 KNO_3에서 O_3를 보면 알 수 있듯, **초석은 분자 1개에 산소 원자를 3개나 지녔기 때문에 연료에 대량으로 산소를 공급할 수 있는 것이다.** 그런데 이 초석은 어떠한 물질일까? 바로 앞서 언급된 화학비료인 '질소'이다. 즉 **화학비료(질소)는 동시에 폭약이기도 했던 것이다.**

과거에 초석은 사람의 소변으로 만들었다. 초석 제조는 악취 때문에 무척이나 고된 작업이었고, 그만큼 귀중품이기도 했다(대량으로 생산할 수 없다는 의미에서 그렇다). 전쟁이 장기전으로 이어지면 가장 먼저 초석이 떨어지게 되면서 총이 무용지물로 변한다. 이때가 바로 종전 신호로, 양군은 군을 물리고 전쟁을 멈추게 된다. 초석에는 이러한 일면이 있었다.

하지만 근대로 접어들어 전쟁터에서 폭약의 주역은 TNT(트라이나이트로톨루엔, $C_7H_5N_3O_6$)로 교체되었다. $C_7H_5N_3O_6$라는 분자식만 보더

그림 29-1 **톨루엔＋질산 ⟶ TNT 화약**

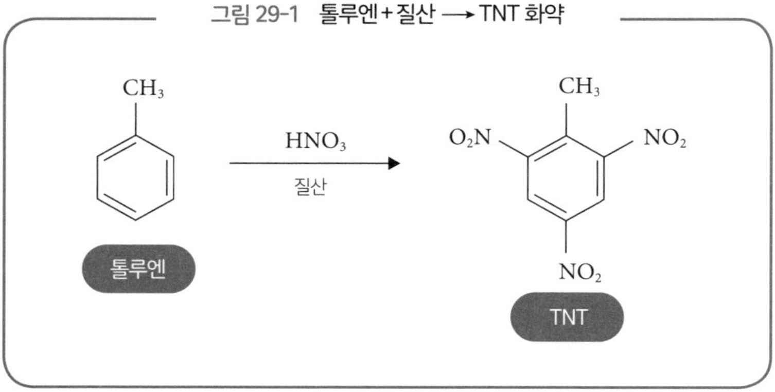

라도 알 수 있듯, **TNT는 분자 1개에 산소 원자를 6개나 지녔다.** 이는 톨루엔이라는 유기물과 질산으로 무한정 만들어낼 수 있다.

제1차 세계대전 중 독일군이 사용한 TNT는 하버 보슈법으로 만들었다고 한다. 제2차 세계대전이 벌어진 것도 하버 보슈법으로 TNT 폭약을 무한정 만들어낼 수 있다는 계산이 섰기 때문이라고 할 수도 있다. 현재 전 세계에서 국지전이 벌어지는 이유 역시 하버 보슈법 때문이라고 볼 수도 있겠다.

폭약이라면 저도 모르게 전쟁을 떠올리기 마련이다. 하지만 폭약을 전쟁터에서만 사용하지는 않는다. 평화의 상징이기도 한 불꽃놀이 역시 폭약이다. 축하 자리에서 빼놓을 수 없는 축포도, 중국의 폭죽도 모두 폭약을 이용한 것이다. 자동차의 에어백 역시 폭약을 이용해 부풀린다.

수에즈 운하(1869년 개통)는 인간의 힘으로 파냈지만 파나마 운하(1914년 개통)는 인간의 힘으로는 불가능했다. 풍토병인 황열에 인부들이 줄줄이 쓰러졌기 때문이다. **파나마 운하가 완공될 수 있었던 것은 당시 완성된 다이너마이트 덕분**이라고까지 일컬어졌다.

이후로 전쟁에서는 TNT, 토목업이나 광산에서는 다이너마이트가 사용되었다. 최근에는 다이너마이트 대신 안포폭약(초안 유제 폭약)이 사용되고 있다. 화학비료인 초안(질산암모늄, NH_4NO_3)에 모종의 액체를 섞은 것으로, 일종의 플라스틱 폭탄이다. 저렴하며 사용하기 쉽기 때문에 다이너마이트를 밀어내고 있는 모양이다.

초안 역시 비료이다. 초안은 그 자체에도 폭발성이 있기 때문에 예전부터 역사에 남을 폭발 사고를 되풀이해왔다. 2015년에 중국 톈진시에서 발생하여 170명의 사망자와 행방불명자, 700명의 부상자를 낸 대폭발 사고 역시 초안이 원인이었다고 한다.

30

세계에서 농약을 가장 많이 사용하는 나라?

환경 문제가 세계적으로 관심을 모은 뒤 농약의 지나친 사용에 대한 비판도 일어나기 시작했다. 이는 소비자를 넘어 농약 사용자인 농가도 피해를 받을지 모르는 문제다.

농사를 짓는데 사용하는 화학약품을 일반적으로 **농약**이라고 부른다. 자연 환경 속에서 이루어지는 농업은 다양한 환경의 변화나 눈에 보이는, 혹은 보이지 않는 적의 공격에 노출되어 있다. 인류는 농업에서 이러한 적과 싸우기 위해 수많은 종류의 화학약품을 개발했다. 이러한 물질을 모두 농약이라고 부른다.

농가에서 작물을 기를 때 걸림돌이 되는 요인은 셀 수 없이 많다고 해도 과언이 아니다. 농부가 씨를 뿌리고 싹이 나서 본잎이 나올 즈음이면, 이때 진딧물이 출현한다. 하룻밤 만에 모종의 생장점(식물의 줄기나 뿌리 끝의 성장이 활발한 부분-옮긴이)을 진딧물이 보이지 않을 정도로 뒤덮기도 한다.

비슷한 시기에 땅속에서는 딱정벌레의 유충이 활동을 시작한다. 오이 모종을 사다 심었는데 왜 이렇게 기운이 없을까 싶어 살펴보니, 뿌리는 이미 베어 먹힌 상황일 때도 있다. 이러한 모종은 더 이상 자라지 못한다.

이처럼 농업은 해충, 세균, 해수(害獸), 토양의 산성도 등과 끝없이 싸우는 일이다. 하나를 물리쳤다고 안심할 일이 아니다. 여기에 기온이라는 상대까지 끼어든다. 싹이 날 시기에 발생하는 저온, 서리로 인한 피해는 농가에 사활이 걸린 문제다.

침묵의 봄

1962년에 미국의 생물학자 레이첼 카슨은 『침묵의 봄』이라는 책을 출간했다. 이 책은 환경 문제의 중요성을 호소했다. 일본에서도 미나마타병 등의 공해가 사회문제로 대두되던 중, 1975년에는 아리요시 사와코의 『소설 복합오염』이 출간되면서 농약과 화학비료의 위험성에 사람들의 이목이 집중되었다. 그 결과 다이옥신, PCB 등의 유기염소화합물, **환경호르몬**이라 불리는 각종 화학물질의 유해성이 밝혀졌다. 지금 이 순간에도 **네오니코티노이드 농약과 꿀벌 감소의 인과관계** 등이 논의의 대상이 되고 있다.

이처럼 환경 문제가 세계적인 관심을 모은 뒤, 농약의 지나친 사용에 대한 비판이 여기저기 일어나기 시작했다. 이러한 목소리는 소비자 측의 지적에 그치지 않고, 농약의 사용자인 농가에서도 높아졌다. 무엇보다 화학농약의 부작용으로 농민들의 건강에 피해가 갈지도 모른다는 우려 때문이었다.

그 이후로는 해충이나 질병에 대한 대책으로 화학농약뿐 아니라 천적인 무당벌레 같은 곤충, 세균, 선충이나 곰팡이 등 이른바 **생물농약**의 사용이 검토되기 시작했다. **현재 일본은 농약 사용량이 세계 1위**로, 유럽보다 5배나 많은 농약을 사용하고 있다.

한편 원예가 발전한 네덜란드나 덴마크에서는 온실 주변에 방충망을 치거나 천적이나 페로몬을 이용하는 등 농약에 의존하지 않는 원예를 목표로 하고 있다.

31

녹색혁명과 양식 어업이 산업을 바꿀까?

자연 환경을 상대로 먹거리를 얻는 산업으로는 농업과 어업이 있다. 농업, 어업이 환경 문제와 관련되었던 사례를 살펴보자.

농업에서의 녹색혁명

녹색혁명은 1940년대부터 1960년대에 걸쳐 실시된 농업운동이다. 당시 인구가 급격하게 증가한 아시아에서는 식량 공급이 인구 증가를 따라잡지 못해, 식량 위기 위험성이 대두되고 있었다. 그 위기에 맞서 화학비료의 대량 투입, 농작물의 품종 개량 등 적극적인 행동에 나서면서 곡물 생산량을 대폭 늘리는 데 성공했다. 이렇게 식량 위기에서 벗어날 수 있게 되었다.

농업혁명의 하나로 받아들여지는 이 운동을 제창한 미국 농학자 노먼 볼로그다. 그는 1970년에 '역사상 그 누구보다도 많은 목숨을 구한 인물'로 노벨평화상을 수상했다. 노먼 볼로그와 학자들은 당시의 농업을 철저하게 연구하여 2가지 개선점을 찾아냈다. 이는 다음과 같다.

첫 번째, **품종 개량**이다. 재래 품종은 일정량 이상의 비료를 투입하면 오히려 수확량이 줄어들었다. 작물이 지나치게 자란 나머지 쓰러져버리기 때문이었다. 그래서 키가 작은 단경종(短莖種)이 개발되었다.

단경종 작물은 키는 작아졌어도 이삭의 길이에는 변함이 없어 수확량에는 별 차이가 없다. 이러한 개량을 통해 작물이 잘 쓰러지지 않게 되었고, 거름주기나 기후 조건에 수확량이 쉽게 좌우되지 않는 안정적인 생산이 실현되었다.

두 번째, 관개설비·방충기술이다. 관개설비를 정비·확충하여 모든 농지에 충분히 물을 댈 수 있게 하였다. 더불어 농사일의 기계화를 촉진시켰다. 이에 따라 전반적인 농사일이 근대화되었고, 대량생산 체제가 마련되었다. 또한 살충제나 살균제 등의 농약을 적극적으로 투입해 병충해로부터 작물을 보호함과 동시에, 병충해 방제기술을 향상시켰다.

하지만 빛이 있으면 어둠이 있는 법이다. 이러한 녹색혁명에도 단점이 있었다.

녹색혁명의 장점과 단점이란?

우선 녹색혁명의 장점을 생각해보자. 녹색혁명은 농업 분야뿐 아니라 사회 전반에 널리 영향을 끼쳤다. 그에 따라 3가지 변화가 일어났다. 다음을 보자.

① 작물 공급량 증대

작물의 공급량이 늘어나 가격이 떨어지면서 도시 노동자 등, 빈곤층의 경제 상황이 개선되었다.

녹색혁명으로 단경종이 개발되었다

② 공업화

농업이 효율적으로 변하면서 잉여 노동자들이 도시로 이주하게 되어 공업화가 촉진되었다.

③ 빈곤층 구제

농촌의 최빈곤층인 '토지가 없는 노동자'에 대한 노동의 수요가 높아지면서, 이들의 경제적 상황이 개선되었다.

하지만 앞에서 정리한 다양한 장점에도 불구하고, 녹색혁명에도 단점은 있었다. 이는 주로 환경 문제가 얽여 있다. 대부분은 화학 비료나 농약 등의 화학공업 제품을 투입하면서 토양 오염 등의 환경 악화가 발생하는 것이다.

어획량 제한과 양식 어업

농업이 자연을 변혁시키는 산업이라면, 어업은 자연 환경에 서식하는 어류를 포획하는 산업이다. 물고기도 생물이니 다시금 생산된다. 그러나 어획량이 그 이상으로 늘어난다면 재생산되는 양은 점점 줄어들고 만다. 따라서 어획량을 제한하게 되었다. **어획량을 제한**하는 방법으로는 3가지가 있다. 다음을 보자.

① 투입량의 규제

어선의 숫자나 규모 등을 제한하여 어획 능력에서부터 제한을 두는 방법이다.

② 기술적 규제

산란기를 금어기로 지정하거나 그물눈 크기를 규제하는 식으로, 어획의 효율성을 제한하여 산란기의 부모 물고기나 소형 어류를 보호한다.

③ 산출량 규제

어획 가능량(TAC, Total Allowable Catch) 등을 설정하여 어획량을 제한한다.

앞에서 정리한 3가지 관리법 중에서 어느 쪽에 중점을 둘지는 실시하는 어업의 형태나 어업 종사자의 수, 그리고 수산자원의 상황 등에 따라 달라진다.

자연 환경에서 물고기를 잡는 대신 인공적인 환경에서 물고기를 '만들어내는' 방법도 있다. 바로 작물의 생산량을 늘리듯이 말이다. 이것이 **양식 어업**이다. 아주 오래 전에 살았던 인류는 채집을 통해 식물, 수렵을 통

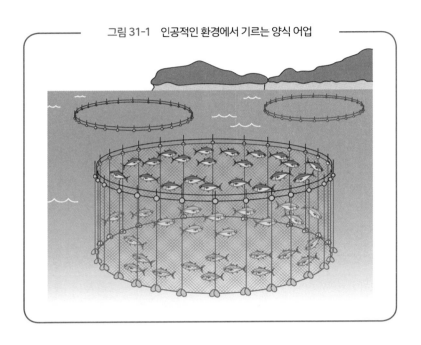

그림 31-1 　인공적인 환경에서 기르는 양식 어업

해 동물, 어획를 통해 어패류를 얻으며 살아왔다. 그러다 식물 채집은 농경으로, 수렵은 낙농·축산으로 진화했다. 물고기를 잡는 어획 역시 같은 운명을 걷게 될지도 모른다.

포획 혹은 인공 번식을 통해 얻은 수산 생물을 기르고 성장시켜 수량의 증대를 꾀하는 행위를 일반적으로 '양식'이라 부른다. 양식은 크게 내수면 양식(담수)과 해수 양식으로 나눌 수 있다. 전자는 무지개송어, 은어, 장어, 자라 등의 양식이 있다. 후자로는 방어, 참돔, 자주복 등의 어류, 굴, 전복, 가리비, 진주조개 등의 조개류, 나아가 미역이나 다시마 등의 해조류가 있다.

일반적인 양식에서 산란, 치어 혹은 어린 물고기의 육성과 성어의 양성 등은 각자 다른 장소에서 이루어진다. 성장은 방양밀도(양식에서 단위 면적 당 풀어놓는 물고기의 마리 수-옮긴이), 먹이의 양, 수온 등의 환경적인 조건에 영향을 받는다. 어종에 따라서는 치어 단계까지만 인위적으로 기르고 그 이후로는 자연 환경에 풀어놓는 방법도 있다. 또한 최근에는 게놈 편집 등으로 품종 개량도 시행하고 있다.

제 **7** 장

편리한 플라스틱과

. . . .

환경오염

. . . .

32

열을 받으면 말랑말랑해지는 인공 고분자?

주위를 둘러보면 어느새 우리가 플라스틱 제품에 둘러싸여 있음을 알 수 있다. 그런데 이 편리한 플라스틱이 존재하지 않았던 때도 있었다.

플라스틱이란 무엇일까?

지금 주변을 둘러보면 우리는 플라스틱 제품에 둘러싸여 있음을 알 수 있다. 분자 구조가 뚜렷한 플라스틱의 첫 번째 사례는 1938년에 발표된 나일론이니 그전까지는 플라스틱이 세상에 존재하지 않았다는 뜻이다. 지금으로써는 도무지 상상하기 힘든 세상이었다.

플라스틱은 일반적으로 고분자, 혹은 폴리머라 불리는 물질의 일종이다. **고분자란 분자량이 크다**는 의미로 쉽게 말하자면 '커다란 분자'인 셈이다.

폴리머의 '폴리'는 그리스어로 '수많은'을 의미한다. 그리스어로 '1'은 '모노'라고 한다. 모노머는 '1개의 분자'라는 의미다. 따라서 폴리머란 수많은 모노머(단위분자)가 모여서 생겨난 분자를 가리킨다. 이 때 모노머가 무조건 1종류여야 하는 것은 아니다(1종류의 단위분자가 모여서 이루어진 고분자를 호모폴리머, 2종류 이상의 단위분자가 모여서 이루어진 고분자를 코폴리머라고 한다-옮긴이).

요컨대 **고분자란 '수많은 단위분자가 결합하여 형성된 커다란 분자'**가 된다. 중요한 사실은 '단위분자의 결합체'라는 대목으로, 단순히 크기만 해서는 고분자라 불리지 않는다.

고분자를 분류해보자

다음에 나오는 〈그림 32-1〉을 보면 알 수 있듯, 고분자에는 다양한 종류가 있다. 분류 방식도 관점에 따라 제각각이다.

먼저 **천연 고분자**가 있다. 이름에서 알 수 있듯이 자연계에서 천연 상태로 존재하는 고분자를 말한다. 전분이나 셀룰로스는 단 한 종의 단위분자인 글루코스로 이루어진 고분자이며, 단백질은 아미노산이라는 20종류의 단위분자로 형성된 고분자이다. 천연고무 역시 천연 고분자이지만, 현재는 천연고무 대신 화학적으로 천연 고분자와 똑같은 물질이 인공적으로 만들어지게 되었다.

한편 인간이 인공적(인위적)으로 만들어낸 고분자를 **합성 고분자**라고 한다. 일반적으로 고분자라고 할 경우에는 합성 고분자를 가리킨다. 합성 고분자 역시 몇 가지 종류로 나눌 수 있다. 그중 하나가 바로 **열가소성 고분자**이다. 열을 가하면 부드러워지는 일반적인 고분자이다. 저렴한 투명 플라스틱 컵에 뜨거운 물을 넣으면 컵이 쭈글쭈글해져서 들고 있기가 난감해질 때가 있다. 이러한 플라스틱이 바로 열가소성 고분자이다.

열가소성 고분자는 다시 플라스틱(합성수지)과 합성섬유로 나눌 수 있으나, 분자구조로 본다면 플라스틱과 합성섬유는 같은 물질이라고 볼 수도 있다. 플라스틱이란 인공적으로 만들어진 수지라는 의미이

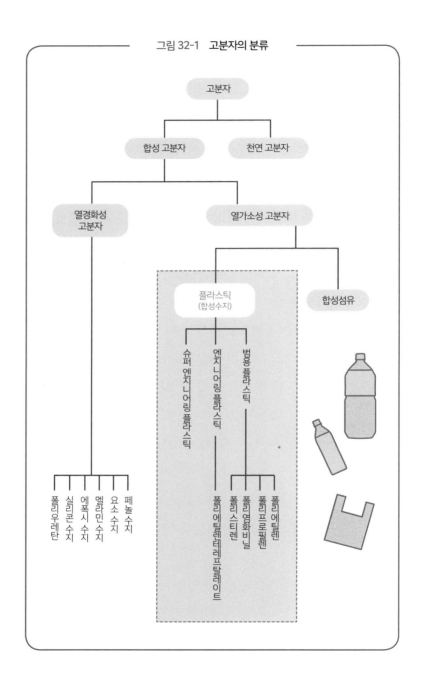

그림 32-1 고분자의 분류

며, 수지란 나무에서 분비된 수액이 굳은 물질을 가리킨다. 송진, 감물, 옻 등이 수지의 대표적 사례이다.

천연수지는 물에 잘 녹지 않는 성질이 있으며 굳은(유분이 날아간) 뒤에는 안정적인 형태를 유지하는 특징이 있다. 그래서 예전부터 도료, 접착제 등으로 사용되었다. 이처럼 편리한 천연수지를 대신해 석유 등을 원료로 하여 인공적(화학적)으로 합성한 것이 바로 합성섬유(플라스틱)이다.

열가소성 고분자와는 반대로 **열경화성 고분자**라는 것이 있다. 예를 들어 가정에서 사용하는 그릇 중에 플라스틱으로 된 것이 있는데, 뜨거운 국을 넣어도 쭈글쭈글해지지 않는다. 직접 불에 갖다 대면 타기는 하지만 그렇다고 열가소성 고분자처럼 부드러워지지는 않는다. 이와 같은 고분자를 열경화성 고분자라고 한다.

고분자는 용도에 따라서도 분류할 수 있다. 그중 하나가 **엔지니어링 플라스틱**으로, 바로 **공업용 플라스틱**을 가리킨다. 열가소성 고분자 중에서도 평범한 플라스틱보다 단단하면서도 내열성이 뛰어난 플라스틱을 말한다. 나일론, 페트(PET) 등이 그 예다. 성능이 우수한 만큼 가격도 비싸다.

또 다른 하나는 '범용수지'이다. 엔지니어링 플라스틱과 달리 반찬을 담아두는 플라스틱 제품, 혹은 양동이 등의 일반 생활용품에 사용되는 수지를 범용수지라고 한다. 성능도 평범하지만 대량으로 생산되어 저렴하다는 이점이 있다. 폴리에틸렌, 염화비닐 등이 범용수지이다.

33

온도가 높아지면
플라스틱은 왜 부드러워지는 걸까?

우리 생활 속에서 다양하게 사용하는 플라스틱은 거의 범용수지이지만, 제품마다 종류는 다르다.
그렇다면 플라스틱은 어떤 구조로 되어 있을까?

앞에서 보았듯이 플라스틱에는 다양한 종류가 있다. 보통 열가소성 고분자와 열경화성 고분자로 나눈다. 다만 연구자에 따라서는 열경화성 고분자를 플라스틱이라 인정하지 않는 경우도 있다.

열가소성 고분자의 분자구조는 한마디로 표현하자면 '긴 실'이다. 통상적인 플라스틱의 구조는 무수히 많은 실이 뒤엉킨 형태를 띠고 있다. 그리고 열가소성 고분자의 분자구조란 실 한 가닥의 구조를 말한다.

열가소성 고분자의 대표주자는 **폴리에틸렌**이다. 폴리에틸렌의 구조는 간단하다. $H_2C = CH_2$라는 구조의 분자이다. 이 에틸렌이 〈그림 33-1〉처럼 이중결합을 풀어내는 대신 이웃한 분자와 결합한 형태가 수천 개의 분자들 사이에서 널리 퍼진 결과물이 바로 폴리에틸렌이다. '폴리'란 '수많은'이라는 뜻의 그리스어다. 따라서 폴리에틸렌이란 CH_2라는 더할 나위 없이 간단하며 짧은 단위구조가 무수히 연속된 물질이라 볼 수 있다.

참고로 이 단위구조가 1개일 경우에는 도시가스인 메탄(CH_4)이 되

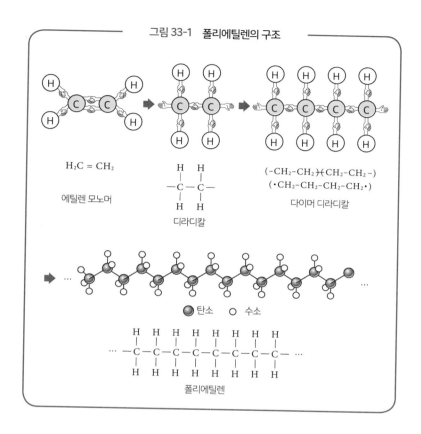

그림 33-1 　폴리에틸렌의 구조

$H_2C = CH_2$

에틸렌 모노머

$$-\overset{\overset{\displaystyle H}{|}}{\underset{\underset{\displaystyle H}{|}}{C}}-\overset{\overset{\displaystyle H}{|}}{\underset{\underset{\displaystyle H}{|}}{C}}-$$

디라디칼

$(-CH_2-CH_2-)(CH_2-CH_2-)$
$(\cdot CH_2-CH_2-CH_2-CH_2\cdot)$

다이머 디라디칼

● 탄소 　○ 수소

$$\cdots-\overset{\overset{\displaystyle H}{|}}{\underset{\underset{\displaystyle H}{|}}{C}}-\overset{\overset{\displaystyle H}{|}}{\underset{\underset{\displaystyle H}{|}}{C}}-\overset{\overset{\displaystyle H}{|}}{\underset{\underset{\displaystyle H}{|}}{C}}-\overset{\overset{\displaystyle H}{|}}{\underset{\underset{\displaystyle H}{|}}{C}}-\overset{\overset{\displaystyle H}{|}}{\underset{\underset{\displaystyle H}{|}}{C}}-\overset{\overset{\displaystyle H}{|}}{\underset{\underset{\displaystyle H}{|}}{C}}-\overset{\overset{\displaystyle H}{|}}{\underset{\underset{\displaystyle H}{|}}{C}}-\overset{\overset{\displaystyle H}{|}}{\underset{\underset{\displaystyle H}{|}}{C}}-\cdots$$

폴리에틸렌

고, 3개일 경우에는 프로판가스($CH_3CH_2CH_3$), 4개일 경우에는 라이터가스인 부탄($CH_3CH_2CH_2CH_3$), 5~11개 정도일 때는 액체인 휘발유, 9~18개 정도일 때는 등유, 20개가 넘으면 고체인 파라핀이 된다. 모두 형제와도 같은 관계인 셈이다.

우리의 일상생활에 녹아든 플라스틱은 거의 범용수지로, 대부분은 폴리에틸렌과 동류이다. 품질 표시가 붙은 플라스틱 제품이 있다면 그 원료명을 살펴보길 바란다. 대부분 폴리에틸렌, 폴리염화비닐, 폴리프로필

그림 33-2   메탄계의 친구들

$$CH_3 - CH_2 - CH_2 \cdots\cdots\cdots\cdots CH_2 - CH_3$$

n	이름(끓는점)	상태
1	메탄(천연가스)	
2	에탄	기체
3	프로판	
4	부탄	
5~11	휘발유(30~250)	
9~18	등유(170~250)	액체
14~20	경유(180~350)	
>17	중유	
>20	파라핀	고체
수천~수만	폴리에틸렌	

렌, (발포)폴리스티렌이라 쓰여 있는 경우가 많을 것이다.

앞서 이름이 언급된 합성섬유의 분자구조는 열가소성 고분자와 완전히 똑같다. 다른 점은 그 집합 상태에 있다. 플라스틱에서는 실처럼 생긴 고분자가 마구 뒤엉켜 있다. 그러다 온도가 높아지면 실 형태의 분자가 저마다 분자 운동을 시작한다. 따라서 전체적으로 부드러워지다 최종적으로는 액체 상태를 이루게 된다.

하지만 합성섬유는 실 형태의 분자가 평행하게 늘어선 듯한 형태로 묶여 있다. 각각의 실이 분자간 힘(분자와 분자 사이에서 작용하는 서로를 끌어당기는 힘-옮긴이)으로 서로를 잡아당겨 튼튼한 구조를 이루

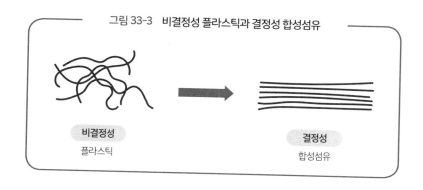

그림 33-3 비결정성 플라스틱과 결정성 합성섬유

비결정성
플라스틱

결정성
합성섬유

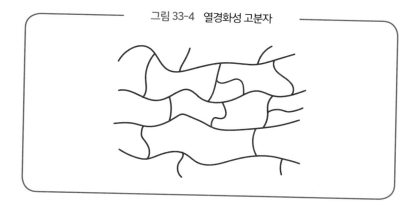

그림 33-4 열경화성 고분자

게 된다.

열가소성 고분자의 종류는 무척 다양하지만, **열경화성 고분자의 종류
는 일반적으로 페놀 수지, 요소 수지, 멜라민 수지의 3종류 정도**다. 그다지 많
지 않다. 그중에서도 멜라민 수지는 단단하며 아름답기 때문에 고급
가구의 표면재 등에 사용된다.

멜라민 수지는 3차원의 그물 구조를 갖추고 있는데, 열경화성 고분
자가 열에 변형되지 않는 이유는 이 3차원 그물 구조에 있다. 실 형

태의 분자인 열가소성 고분자는 온도가 높아지면 실이 움직여 유동적으로 변한다. 반면에 3차원 그물 구조인 열경화성 고분자는 고온 상태에 놓이더라도 분자가 움직이지 못한다.

34

새집 증후군, 해양오염, 멜라민 파동이란?

플라스틱이 처음 나왔을 때, 뛰어난 성능과 저렴한 가격으로 인해 환영을 받았다. 하지만 현재는 플라스틱으로 인한 환경오염을 걱정하는 처지가 되었다.

유해 기체 발생

플라스틱이 처음으로 등장했을 무렵에는 성능이 뛰어나고 아름다우며 가격도 저렴하다는 이유로 뜨거운 환영을 받았다. 그러다가 시간이 지남에 따라 결점이 드러나기 시작했다. 요즘 들어서 플라스틱 공해에 대한 목소리가 높아지고 있다. 플라스틱은 고체이지만 여기서 새나오는 유해한 기체, 혹은 플라스틱이 불에 탈 때 배출되는 기체가 대기를 오염시킨다는 사실을 지적받고 있다.

그중 하나가 바로 **새집 증후군**이다. 실내의 공기를 오염시키는 현상이다. 주로 열경화성 고분자의 원료로 사용되는 **포름알데하이드** 때문이다. 고분자 합성 반응을 마친 포름알데하이드는 고분자로 변해 모습을 감춰야 하나, 극히 미량의 포름알데하이드는 반응하지 않은 채 남게 된다. 이 포름알데하이드가 공기 중으로 유출되는 것이다.

열경화성 고분자는 접착제에도 쓰이므로 베니어합판 같은 집적재에도 사용되었을 가능성이 있다. 또한 폴리염화비닐처럼 염소를 함유한 물질과 유기물을 250~400℃의 저온에서 함께 태우면 유해물질인

다이옥신이 발생하여 대기 중으로 방출될 가능성이 있다. 현재 일본에서 가동 중인 쓰레기 소각로는 800℃ 이상의 온도에서 쓰레기를 소각하고 있다.

플라스틱으로 인한 해양오염 문제

플라스틱의 해양오염은 이전부터 문제시되고 있었다. 불법으로 투기된 플라스틱 쓰레기는 최종적으로 바다로 모이게 된다. 그중 일부는 해류를 타고 해안까지 흘러들어, 마치 쓰레기장처럼 더럽혀놓는다.

낚싯줄은 나일론(폴리아미드 합성수지)으로 만들어진다. 이 낚싯줄이 끊어져 바다를 떠다니다 물질을 하던 해녀나 바닷새에게 휘감겨 위험을 초래하는 경우가 있다. 또한 바다로 흘러든 비닐 시트나 비닐봉투를 바다거북이가 해파리로 착각하여 그대로 삼켰다가 목숨을 잃기도 한다.

이와 같은 문제가 발생하는 가운데 특히 최근에 문제시되고 있는 것이 바로 **초미세 플라스틱**이다. 초미세 플라스틱에 관한 명확한 정의는 없지만 연구자에 따라서는 지름 5mm 이하, 혹은 1mm 이하의 플라스틱 미립자를 가리킨다. 초미세 플라스틱이 발생하는 원인은 다양하다.

① **플라스틱 원료**: 원료로 사용하기 위해 생산된 물질이다.
② **공업용 연마재**: 공업 제품의 마무리에 사용된다.
③ **피부의 각질 제거제**: 세안제, 화장품에 사용된다.

④ **플라스틱 제품의 파편**: 일반적인 플라스틱 제품이 깨진 조각이다.

⑤ **벗겨진 합성섬유**: 가정에서 세탁을 할 때 천에서 떨어져 나온 보풀 따위를 말한다. 특히 입자의 크기가 1mm 미만인 초미세 플라스틱은 대부분 합성섬유에서 발생했을 가능성이 있다.

초미세 플라스틱의 문제는 해양생물 배 속으로 들어간다는 것이다. 초미세 플라스틱이 해양생물에게 미치는 영향은 다음의 4가지로 생각해볼 수 있다.

① 작은 동물이 초미세 플라스틱을 삼켰을 경우, 헛배가 부른 탓에 음식물 섭취량이 줄어들어 기아 상태에 놓일 가능성이 있다.

② 섭식기관 혹은 소화관이 물리적으로 막히거나 손상된다.

③ 플라스틱 성분의 화학물질이 내장으로 침출된다.

④ 흡수된 화학물질이 장기에 농축된다.

인간에게 끼치는 영향으로는 특히 ④번이 문제가 되고 있다. 초미세 플라스틱 자체가 아니라 플라스틱에 흡착된 유해물질이 생물농축을 거쳐 우리의 식탁에 올랐을 때다. 이런 식으로 100만 배 가까운 농도가 된다는 사실은 미나마타병 사례에서 잘 드러나 있다.

플라스틱으로 인한 도시 환경의 오염

플라스틱 제품의 단점 중 하나는 수리할 수 없다는 것이다. 그래서 창

틀이나 문틀 같은 대형 플라스틱 제품은 파손되면 그대로 폐기된다.

그런데 플라스틱의 장점 중 하나인 '튼튼하여 오래간다'는 점이 여기서 뜻밖의 문제로 작용한다. 산이나 바다, 강가 등에 불법으로 투기되는 플라스틱은 시간이 지나도 부패·분해되지 않은 채 언제까지고 환경에 남게 되는 것이다. ①수리할 수 없기 때문에 버려진다, ②버려지더라도 부패·분해되지 않는다는 2가지 특징이 상승작용을 일으킨 결과, 지금의 플라스틱 공해가 생겨났다고 봐도 무방하다.

플라스틱의 위험성

플라스틱뿐 아니라 모든 위험성은 예상치 못한 곳에 도사리고 있다.

최근에는 화재가 벌어지면 불에 타서 죽는 것과 다른 원인으로 희생자가 나오는 경우가 늘어나고 있다. 바로 유독가스에 따른 사망이다. 화재로 발생하는 유독가스라 하면 일산화탄소(CO)를 떠올리겠지만, 현재의 화재에서는 그 외의 유독가스도 발생한다.

이를테면 폴리염화비닐을 태웠을 때는 다이옥신이 발생하는데, 그 외에도 염소가스(Cl_2), 염화수소(염산)가스(HCl) 등도 발생할 위험성이 있다. 또한 아크릴 섬유가 불에 타면 섬유에 결합되어 있던 니트로기(나이트로기) 때문에 청산가스(HCN)가 발생할 가능성도 있다. 청산가스는 미디어 매체를 통해 잘 알려진 맹독 청산가리(정식 명칭은 사이안화포타슘)를 삼켰을 때 위장에서 발생하는 맹독성 기체와 같은 물질이다.

2008년경에는 **멜라민**이 섞인 중국제 분유 파동이 있었다. 해당 분유가 전 세계에 수출된 탓에 전 세계 아기에게 심각한 피해가 발생한 사건이 일어났다. 멜라민은 〈그림 34-1〉에서 소개된 멜라민 수지(열경화성 고분자)의 원료이다. 어째서 분유와는 한참 동떨어진 그런 물질이 섞여 들어간 것일까?

당시 중국에서는 양을 늘릴 목적으로 판매할 우유에 물을 타는 부정 행각이 벌어지고 있었다. 이에 당국은 우유에 함유된 단백질의 양을 검사하기로 했다. 그러나 단백질 검사는 복잡한 과정을 거치기 때문에 쉽지 않은 작업이었다. 그래서 간단한 방법으로 우유에 함유된 질소(N)의 양을 검사하기로 했다. 우유의 성분 중에서 질소가 함유된 물질은 단백질뿐인데, 질소의 양을 측정하면 단백질의 양도 추정할 수 있는 셈이다.

하지만 〈그림 34-1〉에 나타나 있는 멜라민의 구조를 살펴보자. 1개의 분자 안에 6개나 되는 질소 원자(N)가 함유되어 있다. 즉 물로 희석한 우유에 멜라민을 넣으면 질소 함유량이 늘어나기 때문에 마치 단백질이 잔뜩 들어간 것처럼 위장할 수 있었던 것이다.

그림 34-1 멜라민의 구조

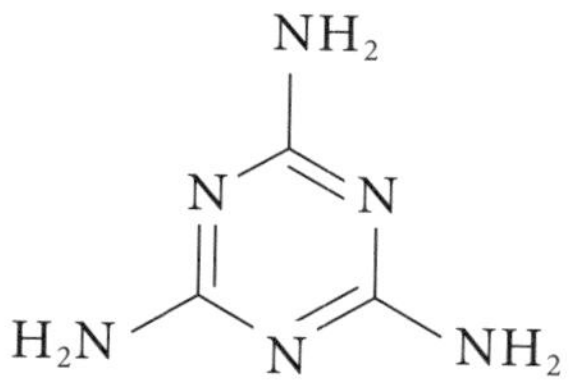

2007년에는 멜라민이 섞인 중국제 애완동물 사료가 미국 등으로 수출되어 반려견이나 반려묘가 신부전 등으로 사망하는 사건이 다수 발생했었다. 그러다가 2008년에 또다시 멜라민이 섞인 분유로 중국의 수많은 영유아에게서 신부전이 발생하는 사건이 발생한 것이다. 플라스틱이 직접적으로 연관된 사건은 아니지만, 이처럼 화학물질은 돌고 돌아 뜻하지 않은 곳에서 뜻하지 않은 결과를 일으킬 수 있다.

35

오염의 주범인 플라스틱이
환경 문제를 해결한다고?

플라스틱이 불러일으킨 문제를 해결하려는 시도와 연구도 활발하지만, 플라스틱으로 다른 환경
문제를 해결하려는 움직임도 있다.

생활 곳곳의 플라스틱

예전에는 많은 편의점에서 손님이 딱히 부탁하지 않아도 상품을 비
닐봉투에 담아주었다. 슈퍼마켓에서도 무료, 혹은 유료로 상품을 비
닐봉투에 담아주었다. 보통 이런 봉투는 집에 도착하면 쓸모가 없어
져, 쓰레기를 버릴 때 같이 버리기 마련이다. 그야말로 플라스틱 공해
의 표본 같았다.

그러다가 2020년 7월부터 일본의 모든 편의점과 슈퍼마켓에서 비
닐봉투를 유료화했다(한국에서는 2019년 4월 1일부터 대형 슈퍼마켓에서
일회용 비닐봉투 제공이 금지되었다-옮긴이). 정책이 시행되면서 손님들
은 직접 준비해온 운반용기(장바구니 등)을 들고 장을 보러 가게 되었
다. 이는 비닐봉투에 사용된 플라스틱으로 인한 환경오염이 줄어듦
을 의미한다.

우리는 알게 모르게 쓰지 않아도 될 플라스틱을 사용하고 있다. 날
마다 날아드는, 비닐봉투에 든 상품 카탈로그나 판촉물 따위가 그
예이다. 비닐봉투 유료화 같은 시도가 앞으로도 늘어나는 것이 좋을

지도 모르겠다.

비닐봉투를 대체하듯이 2020년에 두드러진 문제가 생겼다. 바로 마스크이다. 신종 코로나바이러스가 만연하면서 사람들 대부분은 마스크를 착용하게 되었다. 마스크는 거의 일회용으로, 대부분 합성섬유나 부직포로 만들어진 제품이다. 합성섬유, 부직포 모두 원료는 플라스틱이다. 그리고 마스크는 앞으로도 꾸준히 사용하게 될 것이다.

이제 길거리에는 쓰고 버려진 플라스틱이 눈에 띄기 시작했다. 조속히 대책을 강구해야 하지 않을까?

쉽게 분해되는 생분해성 고분자

환경을 더럽히지 않기 위한 방법 중 하나로, 환경 속에서 쉽게 분해되는 고분자가 개발되었다. 바로 **생분해성 고분자**라 불리는 물질이다.

폴리에틸렌 등의 합성 고분자는 잘 분해되지 않는다. 그러나 같은 고분자지만 전분이나 단백질 같은 천연 고분자는 쉽게 분해된다. 만약 **천연 고분자와 같은 구조를 지닌 합성 고분자를 만들면 자연 환경에서도 쉽게 분해될** 것을 기대해볼 수 있다.

생분해성 고분자 중에서 현재 가장 쉽게 분해되는 것은 **폴리글루코산**이다. 생리식염수에 담겼을 때 이 물질의 반감기는 2~3주일이다. 하지만 이래서는 반찬 용기 같은 일반적인 용도로는 사용할 수 없다. 주로 수술용 봉합실로 이용된다. 이 실로 봉합하면 체내에서 분해·흡수되기 때문에 실을 뽑기 위해 다시 병원을 찾지 않아도 된다는 장점이 있다.

반감기가 4~6개월인 폴리젖산이라면 일반적인 용기로도 이용할 수 있다. 다만 장기간 보존해야 하는 물건에는 사용할 수 없다. 그래서 고안된 물질이 바로 미생물 생산 고분자이다. 어떤 세균은 탄소원(미생물의 영양원으로, 글루코스, 녹말 등의 유기화합물을 말한다-옮긴이)을 먹고 하이드록시부티르산이라는 물질을 생산한다. 이 하이드록시부티르산을 이용하면 폴리에스테르 같은 고분자를 만들어낼 수 있다. **미생물은 이 고분자를 먹고 분해하여 또다시 하이드록시부티르산을 배출하니, '재생산형 고분자'라고도 볼 수 있겠다.**

식물을 태우면 이산화탄소와 물이 발생하는데, 식물은 이를 이용해 성장한다. 말하자면 식물은 재생산을 통해 순환하는 셈이다. 이러한 식물을 원료로 생분해성 고분자를 만든다면, 고분자 역시 순환 및 재생산되는 셈이다. 구체적으로는 옥수수 등의 전분을 젖산 발효시켜 젖산으로 바꾼 뒤, 이를 고분자화하여 폴리젖산을 만드는 방식이 있다. 옥수수 7알로 두께 25μm(마이크로미터)의 A4 필름 1장을 만들 수 있다고 한다.

환경을 깨끗하게 해주는 고분자

합성 고분자는 더럽혀진 환경을 정비·개선해주는 데도 도움을 준다. 우선 고흡수성 고분자(수지)를 이용해 사막에 나무를 심는 5장의 사례에 나타나 있듯이 합성 고분자는 녹화 사업에 도움을 준다.

흐려진 강물을 수돗물로 이용할 때는 일단 쓰레기를 가라앉혀서 제거할 필요가 있다. 그런데 쓰레기가 콜로이드(colloid, 일반적인 분자

나 이온보다는 큰 미립자가 기체 혹은 액체 중에 분산되어 있는 상태-옮긴이)

화된 경우에는 콜로이드 입자 표면의 전하가 반발을 일으키기 때문

에 좀처럼 가라앉지 않으려 한다.

　이러한 경우 활약하는 물질이 바로 고분자 계열의 침전제이다. 침

전제에는 이온성 치환기가 잔뜩 부착되어 있는데, 침전제의 전하와

콜로이드 입자의 전하 사이에 정전인력(반대되는 성질의 전기를 띤 입자

가 만나 끌어당기는 힘-옮긴이)이 발생하면서 침전제가 수많은 콜로이

드 입자를 모아 가라앉힌다.

　그 외에도 **합성 고분자로 '마실 물'을 만드는 방법**이 있다. 고분자 중에

는 물속의 이온을 다른 이온으로 교환하는 물질이 있다. 이를 이온

교환 수지라고 부른다. 양이온 교환 수지는 소듐 이온(Na^+)을 수소

이온(H^+)과 교환하고, 음이온 교환 수지는 염화물 이온(Cl^-)를 수산

화물 이온(OH^-)과 교환한다. 유리관에 2종류의 이온 교환 수지를 채

운 뒤, 위에서 바닷물을 흘려보내면 바닷물 속의 Na^+와 Cl^-는 각각

H^+와 OH^-로 교환된다. 다시 말해 염분($NaCl$)이 물(H_2O)로 변했다는

뜻이니, **소금물이 민물로 변한** 셈이다. 이러한 물질은 구명보트, 혹은 해

안가의 재난 발생 지역에서 마실 물이 없을 때 크게 활약한다.

　발포폴리스티렌 사례도 있다. 발포폴리스티렌은 슈퍼마켓 등에서 회

를 담는 포장용기로도 이용되며 포장용 완충재, 건축용 단열재 등 여

러 분야에서 이용한다. 그 외에 환경 정비용 토목 공사에도 이용되고

있다. 또한 제방의 심재(心材)로도 활약한다. 제방이나 고속도로를 만

들기 위해 흙을 쌓을 때, 그 내부에 가로세로 수십 cm의 발포폴리스

티렌 블록을 쌓는다. 그리고 그 주변을 콘크리트나 흙으로 굳히면 지반이 무너진다 해도 표면만 균일하게 가라앉을 뿐이니, 제방 등이 변형되는 사태를 막을 수 있다.

또한 합성 고분자는 수로의 균열을 방지하는 데도 도움을 준다. 농촌 지역에서 수로를 만들 때, 콘크리트만 사용했다간 금이 가서 물이 새는 사고가 발생한다. 그래서 콘크리트로 만든 수로 표면에 1/1,000mm 정도의 플라스틱 알갱이를 섞은 모르타르(시멘트와 모래를 물로 반죽한 것-옮긴이 주)를 바른다. 플라스틱이 접착제의 역할을 해서 금이 가지 않게끔 막아주기 때문이다.

또한 이미 생긴 균열에 이 모르타르를 채워도 효과가 있다고 한다. 하지만 초미세 플라스틱의 새로운 원인이 될 우려가 있으니 새로운 방법을 찾아야 할 것 같다.

제 8 장

화석연료에서

재생에너지로

36 우리의 환경에 악영향을 끼치는 화석연료는 무엇이 있을까?

현대사회는 에너지 위에 성립되어 있다고 해도 과언이 아니다. 하지만 에너지의 중요성이 강조될수록 환경에 끼치는 악영향은 커진다.

가채매장량의 한계

현대사회는 에너지 위에 성립되어 있다. 전철을 이용할 수 있는 것도, 스마트폰을 볼 수 있는 것도 모두 에너지 덕분이다. 에너지 태반이 **전기 에너지**이지만, 대부분의 전기 에너지는 이른바 화석연료를 태워서 조달하고 있다. 화석연료는 주로 석탄, 석유, 천연가스, 이렇게 3가지를 가리킨다.

화석연료의 가장 큰 문제점은 매장량에 한계가 있다는 것이다. 하지만 **매장량**이라는 표현에 주의할 필요가 있다. '매장량'은 단순한 매장량이 아니라 '가채매장량'이라는 의미로 사용되는 경우가 많기 때문이다.

가채매장량은 '현대의 탐사 기술로 존재가 확인되었으며, 현대의 채굴 기술로 채굴이 가능한 양'을 가리킨다. 그리고 '현재의 소비량에 따라 계속해서 채굴한다면 앞으로 남은 채굴 햇수'가 바로 가채연수이다. 화석연료 가채연수는 석유가 64년, 석탄이 218년, 천연가스가 62년이라고 한다.

기술이 발달하면 '채굴 가능한 매장량'은 늘어날 수 있다. 반면에 '소비량'은 에너지 절약 기술로 점점 줄어들 터이다. 즉 매장량이 앞으로 50년 치, 즉 가채연수가 50년밖에 안 된다 하더라도 50년 뒤에 바닥을 드러낼 가능성은 한없이 0에 가깝다는 뜻이다.

고대 생물의 시체가 변화한 물질이 화석연료라면 한도가 있다는 말은 사실이다. 50년 뒤는 아닐지라도 언젠가는 사라질 날이 올 것이다. 하지만 무기기원설이라는 이론도 있으므로, 지금 이 순간에도 지하에서 계속 석유가 생겨나고 있을 가능성도 있다.

화석연료의 최고봉은 역시 **석유**이다. 석유야말로 현대사회를 짊어진 에너지 자원이었다. 양을 따지지 않는다면 석유는 전 세계에서 산출되는 자원이다. 일본에서도 아키타현, 니가타현, 지바현 등에서 산출되지만 일본의 소비량을 감당할 정도는 아니다. 5장에서도 보았듯, 석유의 생성 원인에 대해서는 다양한 설이 있다. 그에 따라 가채연수도 달라질 것이다.

두 번째로 **천연가스**를 살펴보자. 천연가스의 주성분은 메탄(CH_4)이다. 천연가스의 기원 역시 석유와 마찬가지로 무기기원설과 유기기원설이 있으며, 결론은 아직 나오지 않았다.

천연가스는 석유와 마찬가지로 지하에 묻혀 있기 때문에 지하에 굴을 판 가스정(井)에서 채취한다. 이를 저온에서 액화하여 이른바 **액화 천연가스**(LNG) 상태로 소비 지역까지 운반한 뒤, 기화시켜 가스로 이용한다. 천연가스는 가정에 보내지는 도시가스 외에도 각종 열에너지원으로 이용되고 있다. 대표적인 사례가 바로 화력발전에 사용되는 연료이다.

화석연료 중 가장 사용하기 어려운 것이 고체인 **석탄**이다. 석탄의 가채연수는 석유의 2배를 거뜬히 넘는데, 효과적인 사용법이 개발되기를 기대해본다. 석탄의 기원은 고대에 살았던 식물이 탄화한 것으로 보는 생물기원설이 거의 정설이다. 석탄의 성분은 석유, 천연가스와 다른데, 벤젠고리로 대표되는 방향족 등의 고리형 화합물이 많다고 한다. **방향족 화합물은 유기화학공업에서 빼놓을 수 없는 원료로, 석탄이 연료 외에도 중요시되는 이유가 여기에 있다.**

그렇다 하더라도 고체 상태이면 실제로 사용할 때 여러모로 불편하다. 따라서 석탄을 기화, 혹은 액화할 방법이 다방면으로 연구되고 있다. 그중 한 가지 방법이 **건류**다. 건류는 석탄을 찌는 것이다. 즉 공기를 차단한 상태에서 600~1,000℃로 가열하면 기체인 석탄가스, 액체인 콜타르나 가스액, 고체인 코크스가 된다. 이때 코크스는 철의 정련 등에 이용된다. 화력이 강하므로 중화요리 등을 만들 때 연료로 쓰이기도 한다. 또한 코크스를 1,000℃로 가열해 물과 반응시키면 일산화탄소(CO)와 수소가스(H_2)가 발생한다. CO와 H_2 모두 연소되면 에너지를 만들어내므로 연료가 된다. 이러한 혼합 가스는 '수성가스'라 한다.

석탄을 액화하는 방법도 개발되고 있다. 직접적으로는 석탄에 수소를 반응시켜서 분해·액화하는 방법이다. 금속 촉매로 수성가스의 성분인 일산화탄소(CO)를 수소와 반응시켜 탄화수소로 바꾸는 방법도 있다.

문제는 연소 폐기물

화석연료의 문제점 중 하나는 연료를 연소한 뒤 남게 되는 폐기물이다. 물질이 연소되면 에너지와 함께 산화물이 발생한다. 석탄, 천연가스를 불문하고 유기물을 태우면 이산화탄소는 반드시 발생하기 마련이다. 2장에서도 보았듯, **석유를 태우면 석유의 중량보다 3배나 많은 양의 이산화탄소가 발생**하게 된다.

석탄이나 석유에는 황(S)이나 질소(N) 화합물이 함유되어 있다. 이러한 화합물이 산화되면 각각 SOx나 NOx가 된다. SOx, NOx가 대기를 얼마나 오염시키는지는 3장과 4장에서 설명한 바 있다.

에너지는 우리의 생활에 없어서는 안 될 존재다. 화석연료는 그런 에너지를 위해 필요한 물질이지만, 그 부산물을 얼마나 줄여나갈지가 중요한 과제로 남아 있다.

37 새로운 에너지원인 메탄 하이드레이트와 셰일가스의 문제점은?

새로운 에너지원으로 주목받는 메탄 하이드레이트와 셰일가스는 어떤 물질일까? 그리고 왜 지금 주목받는 것일까?

일본 근해에 분포한 메탄 하이드레이트

메탄 하이드레이트는 메탄과 물이 하나로 합쳐진 화합물이다. 물은 산소와 수소가 결합한 화합물인데, 산소와 수소는 각각 전자를 잡아당기는 힘(전기음성도)에 차이가 있기 때문에 산소는 마이너스, 수소는 플러스 전기를 띠게 된다. 그 결과 물 분자는 서로의 수소 원자와 산소 원자 사이에서 정전인력이 작용해 서로를 끌어당기게 된다. 이를 **수소결합**이라고 부른다.

메탄 하이드레이트의 구조는 〈그림 37-1〉에 나타나 있다. 몇 개의 물 분자가 수소결합으로 만들어낸, 마치 새장처럼 생긴 물질 안에 메탄 분자가 하나씩 들어 있다. 전체적으로 메탄과 물 분자는 1:6 정도 비율이다.

메탄 하이드레이트는 불에 타는 물질이지만, 타는 부분은 메탄이고 물 부분은 해당 온도에서 수증기로 변한다. 메탄 하이드레이트는 고압·저온이라는 조건에서 생겨나므로 심해에 다량으로 존재한다. 수심 100~2,000m의 지하 수십m에 묻혀 있기 때문에 상당한 채굴

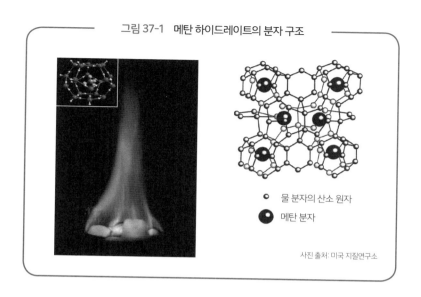

그림 37-1   메탄 하이드레이트의 분자 구조

○ 물 분자의 산소 원자

● 메탄 분자

사진 출처: 미국 지질연구소

그림 37-2   일본 근해 메탄 하이드레이트 매장 분포 예상도

북아메리카판

쿠릴·캄차카 해구

유라시아판

일본 해구

태평양판

이즈-오가사와라 해구

난카이 해곡

필리핀해판

기술이 필요해 아직 실용화에 이르지는 못했다.

메탄 하이드레이트를 채취할 때는 고체 상태의 메탄 하이드레이트를 그대로 채취하는 것이 아니라, 바닷속에서 분해하여 기체로 변한 메탄 부분만을 채취한다. 이때 물로 이루어진 새장 부분은 부수지 않고 그대로 남겨둔 상태에서 안쪽에 메탄을 대신해 이산화탄소(CO_2)를 채울 수 있다고 한다. 이러면 메탄을 채취하면서 이산화탄소까지 함께 처리하는 셈이다.

메탄 하이드레이트는 일본에 매장된 양만 따지더라도, 일본에서 사용되는 천연가스의 대략 100년 치에 맞먹는다는 사실이 밝혀진 바 있다. 또한 전 세계적으로 보더라도 천연가스 매장량의 수십 배 양이 묻혀 있을 것으로 예상되므로, 채굴 방법만 확립된다면 가까운 미래의 에너지원이 될 것으로 기대를 모으고 있다.

오일 셰일·오일 샌드와 그 가능성

셰일가스는 3장에서 보았듯 얇은 퇴적암 사이에 흡착된 천연가스를 말한다. 셰일가스의 채굴은 금세기에 접어들어 비로소 이루어진 일로, 채굴할 때 발생하는 공해에 대해서는 앞 장에서 언급한 바 있다.

오일 셰일은 유모혈암이라고도 한다. 유모, 즉 석유의 바탕이 되는 케로겐(kerogene)이라는 타르 형태의 물질이 함유된 혈암을 가리킨다. 오일 셰일은 석탄처럼 파내서 그대로 태워도 된다. 그러나 대부분은 300~500℃로 건류하여 기체 형태의 연료, 혹은 액체 형태의 연료로 사용한다.

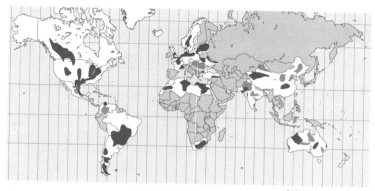

그림 37-3 셰일가스층 분포도

출처: 미국 에너지 관리청(EIA)

■ 자원 견적을 이용해 평가받은 지역
■ 자원 견적을 받지 않은 지역
□ 보고 대상국
▨ 보고 대상 이외의 국가

오일 셰일과 비슷한 물질로 **오일 샌드**가 있다. 오일 샌드는 모래에 석유가 흡착된 물질로, 휘발 성분이 빠져나간 후 끓는점이 높은 부분만 남은 것이다. 케로겐이 포함된 오일 셰일과는 성분 면에서 다르다.

오일 셰일과 오일 샌드의 매장량은 명확하지 않으나 석유 매장량의 수십에서 수백 배를 웃돌 것으로 예상하고 있다. 하지만 이러한 암석에서 석유를 채취했다간 석유의 중량보다 몇 배나 많은 폐기 암석이 생길 수 있다. 그렇기 때문에 환경 문제를 고려하면 이용하기란 결코 쉽지 않은 일이다.

38

높이나 바람을 이용한
자연 친화적인 에너지란 무엇일까?

화석연료는 태우는 것을 기본으로 하고, 태우면 그야말로 끝이다. 미래를 위해 바람, 물, 지열 등
재생이 가능한 에너지원을 생각해봐야 한다.

가장 보편적인 에너지, 위치에너지

화석연료는 태워버리면 끝이다. 반면 수력발전에 사용한 물은 발전
을 마친 뒤에도 빗물이라는 형태로 본래의 하천, 댐으로 돌아가 다시
금 발전의 원천이 되어준다. 이러한 에너지를 **재생 가능 에너지**라고 부
른다.

지구상뿐만 아니라 중력이 작용하는 곳이라면 어디에나 존재하
는 에너지가 바로 **위치에너지**이다. 그러한 의미에서 위치에너지는 가
장 보편적인 에너지일지도 모른다. 위치에너지에는 석유나 희소금속
처럼 자원을 보유한 국가와 그렇지 못한 국가의 차이가 없다. 어떠한
국가에서든 평등하게 가진 에너지원인 셈이다.

위치에너지를 이용하는 가장 원시적인 방법은 '운반'이다. 산에서
베어낸 나무를 비탈길에 굴려서 산기슭에 임시로 차려놓은 저장소
에 모아놓는 것이 그 일례이다. 하천을 이용하는 운반 방식도 있다.
베어낸 목재를 상류에서 뗏목으로 엮어서 떠내려 보내는 것이다. 배
를 이용하는 것 역시 비슷한 방식이다. 발전된 이용 방식으로는 '물

레방아'가 있다. 강물이 흐르는 힘으로 수차를 돌려서 그 회전 운동을 상하 운동으로 바꾸어, 곡식을 빻거나 탈곡하는 방식은 예전부터 있었다.

위치에너지를 대규모로 이용하는 방식이 바로 **수력발전**이다. 하천의 상류에 대규모 댐을 건설해 물을 가둔 뒤, 그 물을 낙하시켰을 때 발생하는 **위치에너지로 발전기를 돌리는** 방식이다. 즉 위치에너지를 전기에너지로 바꾸는 것이다. 수력발전소를 살펴보면 규모가 큰 시설이 많다. 일본에서는 구로베 발전소(33만 5,000kW)가 유명하다. 세계적으로 보자면 이집트의 아스완 하이 댐(12기 합계 210만 kW), 중국의 **싼샤 댐**(1820만 kW) 등 거대한 수력발전 시설이 있다.

수력발전소는 한 번 지으면 장기간에 걸쳐 사용할 수 있고, 연료도 사용하지 않는다. 또한 폐기물도 발생하지 않기 때문에 무척 환경 친화적인 발전 방식처럼 느껴지지만, 잘 알고 보면 반드시 그렇지만도 않다.

거대한 댐을 지으면 그 무게 때문에 부근 지반의 강도가 변해버린다. 댐의 상류는 수몰되고, 하류는 물줄기가 변화하여 생태계에 회복이 불가능한 피해를 안겨주기도 한다. 또한 상류에서 흘러내려온 흙과 모래가 댐 안에 쌓여서 해마다 댐의 깊이가 얕아지기 때문에 밑바닥을 파내야만 한다. 그리고 하류로 내려가야 할 모래가 한 곳에 쌓이면서 하류의 지형이 바뀌는 등의 문제가 발생하기도 한다.

자연을 이용한 발전

지구는 엄청난 에너지를 품고 있다. 먼저 열에너지가 있다. 지구는 내부의 온도가 6,000℃에 달하는 매우 뜨거운 구체이다. 지하수의 온도를 이용해 전기를 발생시키자는 발상이 바로 **지열발전**이다. **지열로 가열된 고온의 열수를 기화시켜서 그 에너지로 발전기를 돌리는** 방식이다. 일본에서 가장 규모가 큰 시설은 오이타현의 핫초바루 발전소(11만 kW)이다.

하지만 지열발전은 실용화되기에 문제점이 많다. 일본의 총 발전량에서 지열발전이 차지하는 비중을 따지면 현재까지도 0.3%에 불과하다고 한다.

조수간만은 지구와 달의 인력이라는 에너지에서 비롯된 현상이다. 조수간만을 이용해 전기를 만들어내려는 시도가 바로 **조력발전**이다. 해양의 에너지를 이용한 발전 중에서는 가장 현실적인 방식이라고 할 수 있다.

조력발전은 수력발전의 변형판이다. 우선 만(灣)에 방조제를 세운다. 만조 때에는 수문을 열어 바닷물을 만으로 들여 가득 채운다. 그리고 간조일 때는 수문을 닫는다. 그러면 만과 바깥 바다 사이에 고저차가 생기므로, 만의 물을 방류할 때 발생하는 위치에너지를 이용해 전기를 만들어내는 것이다.

이 분야에서는 프랑스의 랑스 조력발전소(24만 kW)가 가장 유명한데, 프랑스의 경우 조력발전에 드는 비용이 1kW당 18유로센트다. 1kW당 25유로센트인 **원자력발전보다도 조력발전이 비용 면에서 더 이득이다.**

바람을 이용한 발전은 **풍력발전**이다. **풍력발전의 장점은 연료를 사용하지 않으며, 폐기물 없이 전기를 만들어내는 청정에너지**라는 점이다. 하지만 단점도 적지 않다.

우선 발전소 1기당 발전량이 500kW 정도로 매우 낮다는 점이다. 또한 풍력 에너지는 풍속의 세제곱에 비례하므로, 효율적으로 전기를 만들어내려면 강한 풍속이 필요하다. 이론적인 발전 효율은 60% 정도라고 한다. 하지만 바람은 언제나 같은 풍속으로 불어오지 않으므로 계절, 날짜, 시간대에 따라 발전량이 변동한다. 또한 바람이 강한 지역에서만 실용적인 발전이 가능하다.

세계적으로 살펴보면 풍력 발전의 발전량은 확실히 증가하고 있다. 특히 독일에서 활발히 실시되고 있는데, 전 세계의 풍력발전량 중 36%를 차지하고 있다. 이어서 미국(18%)과 스페인(13%)으로 이어

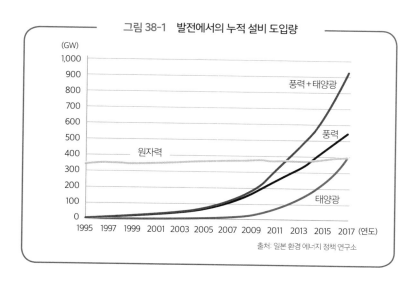

그림 38-1　발전에서의 누적 설비 도입량

출처: 일본 환경 에너지 정책 연구소

진다.

일본에는 해마다 찾아오는 태풍의 거대한 에너지를 이용하려는 벤처 기업도 있다. 대형 태풍 하나의 에너지는 일본 총 발전량의 50년 치나 된다고 한다. 풍력발전에는 거대한 프로펠러를 이용하지만 태풍과 같은 강풍이 불 때는 꺾여버리기도 한다. 이 태풍발전에서는 프로펠러 대신 수직축형 매그너스식 풍력발전기라 불리는 발전기를 이용한 실용화를 목표로 하고 있다.

고장이 나지 않고 폐기물도
발생하지 않는 청정에너지가 있을까?

에너지를 해당 지역에서 생산하고 해당 지역에서 소비하게 되면 어떻게 될까? 그렇다면 가장 최적의 에너지는 태양에서 날아오는 에너지일 것이다.

태양의 열에너지

지구에게 태양은 가장 큰 에너지원이다. 태양에서 지표로 날아드는 에너지는 1평방미터당 약 1kW라고 한다. 이러한 에너지를 기본으로, 나아가 전기에너지로 변화하려는 시도가 이어지고 있다. 태양에너지는 열과 빛으로 나누어 생각해볼 수 있다.

태양을 열에너지로 이용하는 원시적인 방법으로 온수기가 있다. 옥상 위에 수조를 설치한 뒤, 햇빛으로 데운 물을 목욕 등을 할 때 사용한다.

발전된 방식으로는 태양열로 전기를 만들어내는 것도 있다. 다만 이 경우에는 높은 온도가 필요하므로 수없이 많은 렌즈나 반사경을 이용해 태양열을 한 곳으로 집중시켜야 한다.

태양의 빛에너지

태양광에너지의 이용에 관해서는 **태양전지**가 주목을 받고 있다. 태양전지는 태양광에너지를 직접 전기에너지로 변환하는 장치이다. 몇

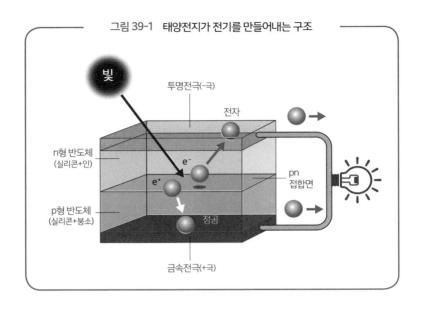

그림 39-1　태양전지가 전기를 만들어내는 구조

빛

투명전극(-극)

전자

n형 반도체
(실리콘+인)

e⁻

e⁺

pn
접합면

p형 반도체
(실리콘+붕소)

정공

금속전극(+극)

가지 종류가 있지만 기본적인 형태는 실리콘(규소)을 이용한 실리콘 태양전지이다. 실리콘(Si)은 주기율표에서 가전자가 4개인 14족 원소로, 반도체이다. 여기에 가전자가 3개인 13족 원소인 붕소(B)를 소량 첨가하면 가전자가 부족한 p형 반도체가 된다. 한편 실리콘에 가전자가 5개인 15족 원소 인(P)을 소량 첨가하면 가전자가 넘치는 상태인 n형 반도체가 된다.

이러한 p형, n형 반도체를 포갠 다음, 투명전극과 금속전극 사이에 끼운 것이 바로 태양전지이다. 투명전극을 통해 날아든 빛이 얇은 n형 반도체를 통과해 두 반도체의 접합면(pn 접합)에 도달하면 전자와 정공(절연체나 반도체에서 전자가 빠져나간 구멍을 가상의 입자로 보는 개념으로, 일반적으로 e⁻로 표현되는 전자와는 반대로 e⁺로 표현된다-옮긴이)이 발생한다. 이 전자는 마이너스(−)극으로 이동하고 정공은 플러스(+)극으로 이동하는데, 외부회로를 따라 이동하여 전류가 된다.

빛에너지 중 몇 %나 전기에너지로 바꿀 수 있는지를 나타낸 지표를 **변환효율**이라고 한다. 실리콘 태양전지의 변환효율은 15~25% 정도이다.

태양전지에는 많은 장점이 있다. 우선 첫 번째, 고장이 나지 않는다는 점이다. 태양전지는 유리나 도자기 같은 것으로, 기계처럼 움직이는 부분이 없다. 따라서 고장이 나지 않으며 수리할 걱정도 없다.

두 번째 장점은 **지산지소형**(현지에서 생산해 현지에서 소비하는 방식-옮긴이) **에너지**라는 사실이다. 태양전지는 일반 가정의 옥상에 설치할 수 있으므로 이를 직접 이용할 수 있다. 원자력발전이나 수력발전처럼 발전소에서 멀리 떨어진 소비지까지 전기를 보내기 위한 설비가 필요치 않다. 송전을 위한 정비 비용, 보수 비용도 들지 않는다. 송전할 때 발생하는 전력 누수도 걱정할 필요가 없다.

세 번째 장점은 움직이기 위한 연료가 필요치 않으며 폐기물이 발생하지 않는다는 점이다. 태양전지는 제조하고 설치하면 그 뒤로는 일절 연료를 사용하지 않는다. 연료를 사용하지 않으니 태양전지에서 발생하는 폐기물도 없다. 태양전지가 친환경 에너지라 불리는 것은 이러한 이유 때문이다.

물론 단점도 있다. 그중 하나가 '낮은 발전효율'인데, 이 또한 개선되고 있다. 또 한 가지 단점은 태양전지 가격이 비싸다는 것이다. 이에 관해서는 관련 업계의 노력을 기다리고 있는 상황이다.

40

폐기물에서 나오는 고형연료와 에탄올을 열원으로 쓸 수 있다고?

바이오매스 에너지의 활용은 무궁무진하다. 고형연료, 액체연료, 기체연료뿐만 아니라 발효할 때 나오는 열까지 활용할 수 있다.

바이오매스란 무엇일까?

생물이 만들어낸 유기 자원 중 재생이 가능한 물질을 **바이오매스**라고 부른다. 화석연료 역시 생물이 기원으로 보이지만, 재생이 불가능하기 때문에 바이오매스라고 불리지는 않는다.

바이오매스의 전형적인 사례는 바로 식물이다. 식물은 이산화탄소와 물을 원료로 하며 햇빛을 에너지원으로 삼아 광합성을 실시해 글루코스 등의 당류를 합성한다. **광합성이 태양에너지를 이용할 때 에너지 효율은 이론적으로 1%라고** 한다. 식물은 합성한 당 대부분을 전분이나 셀룰로스 같은 천연 유기분자 형태로 체내에 저장한다. 반면에 인간은 자신이 소화할 수 있는 전분을 음식물로 이용하고, 소화하지 못하는 셀룰로스는 각종 자재나 연료로 이용해왔다.

식물을 태우면 이산화탄소가 발생한다. 그 양은 식물이 광합성을 통해 자신의 몸 안에 저장한 양과 동일하다. 이산화탄소가 식물을 통해 순환하고 있는 것이다. 그렇기에 식물은 재생 가능 에너지로 받아들여지는 것이다.

식물을 자재로 이용할 때 식물의 모든 부분을 이용하지는 않는다. 결국 많은 폐기물이 발생하기 마련이다. 그래서 이를 연료로 이용하려는 시도가 진행되고 있다. 폐기물은 자재를 만들어낼 때만 생기지 않는다. 낡은 구조물을 허물 때에도 생긴다. 또한 음식물에서 발생하는 폐기물, 즉 음식물 쓰레기도 어엿한 폐기물이다.

바이오매스는 바로 이것들을 탈수·정형하여 사용하기 쉬운 형태로 바꾸어 연료로 사용하는 것이다. RDF(Refuse Derived Fuel)라 불리는 폐기물 고형 연료가 그중 하나이다.

주목을 받고 있는 바이오매스 중에 하나가 미생물을 이용한 방식이다. 미생물에는 다양한 종류가 있는데, 어떤 미생물은 발효를 통해 사탕수수 찌꺼기 등에서 에탄올을 만들어낸다. 심지어 분뇨에서 메탄을 발생시키는 균도 있다. 메탄은 천연가스와 마찬가지로 중요한 연료이다. 또한 발효가 일어날 때 열이 발생하므로, 그 열 또한 열원으로 이용할 수 있다. 그리고 마지막으로 남은 발효액은 비료로 유용하게 쓸 수 있다.

이처럼 바이오매스는 고형연료(RDF), 액체연료(에탄올), 기체연료(메탄)로 이용할 수 있을 뿐 아니라, 발효할 때는 그 발효열까지 열원으로 활용할 수 있다.

인공광합성

바이오매스 에너지는 기존의 생물을 이용해 에너지를 얻어내려는 방식이지만, 현대과학은 그것을 넘어 생물의 작용 자체를 인공적으로 재현하려 하고 있다. 이 시도가 성공한다면 물을 햇빛으로 분해하여 열에너지를 바탕으로 수소를 얻어낼 수 있다. 또한 이산화탄소와 물에서 모든 생물의 에너지원인 탄수화물을 만들어내는 것도 가능해진다. 이러한 의미에서 **인공광합성**이야말로 21세기 최대 과학 프로젝트인 셈이다.

식물이 하는 **광합성**은 물과 이산화탄소를 연료로 삼아서 태양광에너지를 이용해 전분과 셀룰로스 등의 탄수화물을 만들어내는 반응이다. 이것은 2개의 단계로 나누어 생각해볼 수 있다. 첫 번째 단계는 빛에너지를 이용해 물을 산소와 수소로 분해하는 '명(明)반응'과 생성된 수소와 대기 중의 이산화탄소를 통해서 탄수화물을 합성하는 '암(暗)반응'이다.

명반응에서 식물의 경우, 클로로필(엽록소)이 빛에너지를 흡수해 물을 분해하는 촉매 역할을 한다. 인공광합성에서 이 역할을 맡은 물질은 산화타이타늄을 사용한 **광촉매**이다.

그다음 암반응에서는 인공광합성의 경우, 합성 촉매를 사용해 수소와 이산화탄소를 개미산($HCOOH$)이나 메탄올(CH_3OH) 등의 유기화합물로 합성한다.

산화타이타늄 촉매의 약점은 자외선밖에 이용하지 못한다는 점이다. 태양광에너지의 변환 효율은 0.1% 정도인데, 실용화되려면 변환 효율이 최소 10%를 넘어야 한다. 그러나 최근 식물 광합성의 변환 효율보다 4배 가까이 높은 변환 효율 3.7%의 광촉매가 개발되었다.

이는 광합성의 전반부가 실용화 영역에 다가간 것이다. 그렇다면 두 번째 단계인 탄수화물 합성만이 남게 된다. 이는 욕심을 부리지 않는다면 기존의 화학기술로도 충분하다. 다시 말해 인공광합성 프로젝트는 거의 완성되었다고 볼 수 있다.

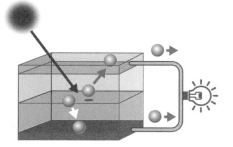

제 9 장

우리 인체의

환경과 건강

41

독극물로부터 몸을 보호하기 위해서는
어떤 지식이 필요할까?

독극물은 마시게 되면 말 그대로 죽음에 이르는 무서운 것이다. 그러나 동시에 독극물은 사람을 살리는 약이 되기도 한다.

적은 양으로도 죽음에 이르게 하는 물질, 독극물

9장에서는 우리의 '몸'을 하나의 환경으로 보았을 경우, 이 환경을 지켜낼 방법에 대해 생각해보고자 한다. 우리는 다양한 화학물질을 몸 안으로 받아들인다. 그중에서 병이나 상처의 아픔을 누그러뜨려주는 물질을 **약물**이라 부르고, 생명을 위협하는 물질을 **독극물**이라 부른다.

독극물은 체내로 유입되면 생명을 위협하는 물질이다. 그러한 물질은 수없이 많다. 물 역시 대량으로 마시면 물 중독을 일으켜 목숨을 잃게 되기도 한다. 생명 활동에 빼놓을 수 없는 소금(염화소듐NaCl) 역시 대량으로 섭취하면 혈압 이상과 성인병을 일으킨다. 지나침은 모자람이나 마찬가지이다. 결국 **독이란 '소량으로도 목숨을 위협하는 물질'**을 가리키는 셈이다.

이러한 독의 세기를 정량적으로 나타낸 수치를 **치사량**이라고 부른다. 〈그림 41-1〉은 검체에 독극물을 먹였을 경우, 복용량과 복용으로 인해 죽은 검체의 비율(%) 관계를 나타낸 표이다. 실험에서 절반

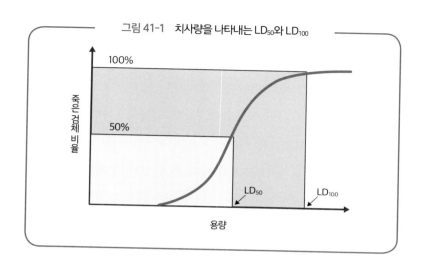

그림 41-1　치사량을 나타내는 LD_{50}와 LD_{100}

그림 41-2　독의 치사량 순위

	독의 이름	치사량 $LD_{50}(\mu g/kg)$	유래
1	보툴리누스톡신	0.0003	살모넬라균
2	파상풍 독소(테타누스톡신)	0.002	파상풍균
3	테트로도톡신(TTX)	10	동물(복어)/미생물
4	VX	15	화학적 합성
5	다이옥신	22	화학적 합성
6	아코니틴	120	식물(바곳)
7	사린	420	화학적 합성
8	코브라의 독	500	동물(코브라)
9	비소(As_2O_3)	1,430	광물
10	니코틴	7,000	식물(담배)
11	사이안화포타슘	10,000	KCN
12	아세트산탈륨	35,200	광물 CH_3CO_2Tl

출처: 『도해 잡학 독의 과학』(나쓰메사)에서 일부 발췌 및 편집

(50%)의 검체를 죽게 하는 복용량을 반수 치사량LD$_{50}$이라 부르며, 이는 검체의 몸무게 kg당 독성 물질의 무게로 나타낸다. LD$_{50}$의 수치가 낮은 독극물일수록 강력하다는 뜻이다.

〈그림 41-2〉는 다양한 독극물을 '강한 순서'대로 나열한 것이다. 살모넬라균 등 균류가 만들어내는 독소의 세기가 유독 눈에 띈다.

어패류의 '독'이라 하면 복어의 독이 가장 먼저 떠오를 것이다. 복어의 독소는 테트로도톡신이다. 이는 복어가 먹이로 삼는 조개류에 포함된 물질이 복어 체내에 축적된 결과물이다. 복어는 위험하기 때문에 이를 다루는 요리사는 면허가 필요하다.

또 한 가지 어패류의 독으로는 '패독(貝毒)'을 꼽을 수 있겠다. 패독은 계절에 따라 발생하는 독이다. 이는 조개가 계절에 따라 발생하는 유독성 플랑크톤을 섭취한 결과 체내에 축적되었기 때문이다.

식물에도 독이 있다. 독을 지닌 식물 중 **바곳**(투구꽃속)이 가장 유명할 것 같다. 독초인 바곳을 산나물로 오인하거나, 독초인 수선을 부추로 착각하는 사고가 끊이지 않으니 조심해야 한다.

고사리는 발암물질인 독극물 프타퀼로사이드가 함유되어 있으므로 날것으로 먹어선 안 된다. 하지만 **잿물에 삶으면 독소가 완전히 제거된다**. 잿물에 함유된 염기를 통해 가수분해가 일어나 유해물질의 독성이 사라지기 때문이다. 고사리를 조리하기 전에 삶는 단계를 거치는 데는 모두 이유가 있는 법이다.

식물 독이라 하면 독버섯도 빼놓을 수 없다(버섯은 식물이 아니라 균류로 분류된다-옮긴이). 버섯의 독은 환각증상을 일으키는 독부터 목숨을 위태롭게 하는 독까지 다양한 종류가 있다. 독버섯을 구분하는 방법에는 여러 가지가 있지만, '100% 확실한 방법은 없다'고 생각해도 무방하다. 초보자가 산으로 들어가 직접 버섯을 채취하는 일만큼은 피하도록 하자.

천연 약물에서 인공적으로 합성한 약물로

인류는 예로부터 식물, 동물, 광물 등을 약으로 이용해왔다. 그러다가 19세기 말부터 약을 화학적으로 합성할 수 있게 되었다.

약물의 기본적인 상식은, 먼저 **많은 독극물이 동시에 약이 되기도 한다**는 것이다. 차이는 섭취량이다. 예를 들어 맹독을 지닌 식물 바곳은 많이 먹으면 목숨을 잃게 되지만, 소량을 섭취하면 강심제가 되기도 한다는 사실이 알려져 있다. '약과 독은 사용하기 나름'라고 하는데, 이러한 사실을 나타낸 말이다.

인류가 최초로 합성한 약은 지금도 이용되고 있다. 바로 해열제, 소염제로 쓰이는 **아스피린**이다. 아스피린은 벤젠계 화합물인 살리실산에 아세트산을 작용시켜 만들어낸 아세틸살리실산이다. 참고로 아스피린은 상품명이다. 미국에서는 지금도 연간 1만 5,000톤이나 되는 아스피린이 소비된다고 한다.

항생물질이라는 것도 있다. 미생물이 분비하는 화학물질로, 다른 미생물의 생존을 방해하는 물질을 항생물질이라고 부른다. 참고로 **바이러스는 생물이 아니므로 유감스럽지만 항생물질은 바이러스에 효과가 없다**. 제2차 세계대전 말기에 영국 수상 처칠이 폐렴에 걸렸을 때, 최초로 발견된 항생물질인 페니실린으로 목숨을 건졌다는 '도시전설' 덕분에 단숨에 유명세를 얻었다. 과거 망국병(亡國病)이라 불리며 사람들을 두려움에 떨게 했던 폐결핵이 거의 박멸된 것은 항생물질인 스트렙토마이신 덕분이라 해도 과언이 아니다.

42

피로와 공포를 잊게 해주는
무시무시한 약물은 무엇이 있을까?

마약이나 각성제는 뇌와 신경세포에 작용하는 화학물질로, 신경독의 일종이다. 하지만 마약, 각성제의 특징은 내성과 금단증상이 있다는 점이다.

약물의 내성과 의존성에 대해

일반적으로 약물을 섭취했을 경우 피해가 나타나는 방식은 크게 다음의 3가지로 구분할 수 있다.

① 섭취하면 몇 시간 이내에 증상이 나타난다.

② 독극물의 총 섭취량이 역치(생명체가 자극에 대한 반응을 나타내는 데 필요한 최소 수치-옮긴이)를 넘겼을 때 증상이 발생한다.

③ 섭취 횟수에 따라 섭취량이 증가(내성)하고, 섭취를 멈추면 금단증상이 발생한다.

마약과 각성제(합쳐서 약물이라 부르겠다)가 지닌 특유의 증상이 바로 ③번이다. 한번 약물을 섭취하면 거기서 멈추지 않는다.

처음에 섭취했을 때는 피로를 잊고 행복감을 맛볼 수 있다고 한다. 그러다가 약물의 효과가 사라지면 행복감 역시 사라지고 만다. 그렇게 또다시 약물에 손을 대는 일이 반복되는 사이에, 행복감을 얻는

데 필요한 약물의 양은 점점 늘어나기 시작한다(이것이 바로 내성이다). 그러다 죄책감 혹은 경제적 이유로 약물의 섭취를 끊으면, 심각한 금단증상이 발생한다. 그리고 다시 약물에 손 대는 일이 반복되면서 최악의 상태에 빠지게 되는 것이 약물이 끼치는 전형적인 해악이다.

뇌에 내성과 금단증상을 동반하는 해를 끼치는 물질을 흔히 **약물**이라고 부른다. 약물은 약초 등의 자연계의 물질이나 화학물질에서 유래하여 화학적으로 정제된 물질을 가리킨다. '약물'이라고 표현하지만 당연히 약은 아니다.

여기서 말하는 약물은 크게 마약과 각성제, 2종류로 나눌 수 있다. 다만 이러한 2종류를 반드시 화학적으로 구별하는 것은 아니다. 둘을 굳이 구별하는 대신, 합쳐서 '약물'이라 부르는 편이 실정에 부합된다고 생각된다.

일반적으로 **마약류**는 섭취하면 기분이 황홀해져서 **현실과 꿈을 구분하지 못하게 해주는 물질**을 가리킨다. 대표적인 마약으로는 **아편**이 있다. 양귀비의 덜 여문 열매에서 채취하는데, 열매에 상처를 내면 새나오는 수액에서 중요한 성분만 추출한 것을 아편이라고 부른다. 이 또한 각종 성분의 혼합물로, 주된 성분은 모르핀과 코데인이다. 모르핀에 무수아세트산을 작용시키면 **헤로인**이 된다. 헤로인은 효과가 매우 강력한 마약이기 때문에 마약의 여왕이라고까지 불린다.

최근 사회적으로 문제를 일으키고 있는 약물은 **대마**이다. '마'라고도 불리는 대마는 식물섬유의 원료로 재배되는 중요한 식물이다. 마의 잎과 꽃부리를 건조시키거나 수지(樹脂)화, 액체화시킨 물질을 **마**

리화나라고 부른다. 마리화나의 주성분은 테트라하이드로칸나비놀(THC)이다.

대마에는 각성 작용이 있기 때문에 섭취하면 이상할 정도의 정신적 흥분 상태에 빠진다. 의존성이 있기 때문에 점차 헤어날 수 없게 되면서 정신적·육체적 고통을 겪게 된다.

대마에 관해서는 합법인 국가도 있다. 약리성이 있다거나 담배보다 해가 적다는 의견 때문이다. 하지만 약리성은 아편에도 있다. 그리고 담배가 유해하다는 사실은 누구나 인정하고 있다. 담배보다 해가 적다는 말은 유해성을 증명하는 사실에 불과하다. 대마, 각성제, 마약에는 결코 손을 대서는 안 될 것이다.

각성제와 유사한 디자이너 드러그

각성제의 특징은 무엇일까? 마약과 반대로 **각성제에는 피로감을 잊게 해줄 뿐 아니라 공포심마저 느끼지 못하게 해주는** 작용이 있다. 수많은 나라에서 전쟁터로 향하는 병사에게 각성제를 지급한 역사가 있다. 대표적인 각성제로는 암페타민과 메스암페타민이 있다. 마황에서 추출한 천식의 특효약인 에페드린을 화학적으로 합성하려다 만들어낸 합성 화학물질이다. 복용했을 경우의 유독성은 마약과 동일하다.

마약과 각성제는 구조식이 밝혀져 있는 화학물질이다. 이러한 분자를 화학적으로 합성하는 방법이 확립되어 있기 때문에 숙달된 화학자라면 합성은 할 수 있다. 또한 분자 구조의 일부를 바꾸는 것 역시 간단하다. 예를 들어 현재 단속하는 측에서 분자 A를 각성제로 지정했다고 치자. 그렇다면 분자 A의 극히 일부분을 화학적으로 변화시킨 A'는 어떻게 될까? 단속의 대상이 될까?

담배는 마약으로 가는 입구?

이러한 A' 같은 물질이 바로 **디자이너 드러그**이다. 화학물질은 일부라도 구조가 변화한다면 다른 물질이 된다. 예를 들어 에탄올(CH_3CH_2OH)와 메탄올(CH_3OH)은 분자 구조가 매우 유사하다. 하지만 에탄올은 마시면 취하고 기분이 좋아지지만, 메탄올을 마시면 눈이 찌부러지며 죽게 된다.

디자이너 드러그 A'도 마찬가지이다. A와 유사하니 각성 작용이 있을지도 모르나, 또 어쩌면 무시무시한 독성이 있을지도 모른다. 구입한 사람은 비싼 값을 치르는 것도 모자라 실험용 쥐 취급을 받게 되는 셈이다. 소중한 목숨을 실험용 쥐처럼 취급하다니, 끔찍한 일이 아닐 수 없다.

또 담배나 술은 약물이 아니라고 생각하는 사람이 많을 텐데, 이것들은 **입문용 마약**이라 불린다. 즉 담배나 술이 더욱 부작용과 의존성이 강한 마약으로 이행하기 위한 '입구'가 될 수 있다는 뜻이다.

43

DNA 정보의 복제 오류를 유도해
발병하는 게 암이라고?

현대인이 가장 무서워하는 질병, 암은 어떻게 발생하는 것일까? 암의 박멸은 인류의 숙원이지만, 아직 특효약이랄 게 없다.

암의 박멸은 인류의 오랜 숙원이라 해도 과언이 아니다. 유감스럽게도 아직까지 모든 암에 효과적인 특효약은 개발되지 않았다. DNA가 손상되면 유전정보에 오류가 발생하는데, 이에 따라 증식된 세포가 바로 암이다.

발암의 구조는 2단계로 생각해볼 수 있다. 제1단계는 잘못된 DNA 정보의 작성이다. 이때 관여하는 독소를 **발암물질**이라고 한다. 제2단계는 잘못된 DNA를 지닌 세포를 실제 암으로 유도하는 독소로, **조암물질**이라고 부른다. 하지만 **발암성이 의심되는 물질이 발암물질인지, 조암물질인지를 결정하기가 어려운 경우가 많다.**

현재 많은 항암제가 개발되어 큰 효과를 거두고 있다. 전형적인 항암제의 작용은 DNA의 분열 복제를 저해하는 것이다. DNA의 복제는 DNA 헬리케이스라는 효소가 이중나선구조를 분해하면, DNA 중합효소라는 효소가 새로운 DNA 사슬을 합성하는 단계의 조작을 통해 진행된다.

항암제 중 하나로 알킬화제라는 것이 있다. 이는 제1단계를 막는

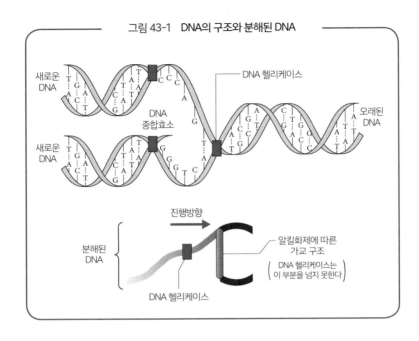

그림 43-1 DNA의 구조와 분해된 DNA

새로운
DNA

DNA 헬리케이스

DNA
중합효소

오래된
DNA

새로운
DNA

진행방향

분해된
DNA

알킬화제에 따른
가교 구조
(DNA 헬리케이스는
이 부분을 넘지 못한다)

DNA 헬리케이스

약품이다. 약품이 반응하는 부위는 2곳으로, 각각 DNA의 이중나선 구조를 구성하는 두 줄의 DNA 사슬과 결합한다. 그 결과 두 줄의 DNA 사슬은 이 약품을 통해 다리처럼 결합되어, 그 부위 이상으로는 분해되지 않는다. 따라서 DNA는 더 이상 복제되지 못한다. 백금제제가 유명하다.

중합효소 저해제라는 약품도 있다. DNA 복제기구 중 제2단계를 담당하는 효소인 DNA 중합효소의 작용을 방해하는 약품이다. '항암성 항생물질'이라 불리는 항생물질들은 이와 같은 작용을 하는 것으로 알려져 있다.

44

식중독을 일으키는 세균은 무엇이 있을까?

식중독은 식품 섭취에 관련해 인체에 유해한 미생물이나 유독 물질에 의해 발생하는 감염성 또는 독소형 질환을 말한다.

음식물을 통해 발생하는, 급성 위장염이 주가 되는 질병을 **식중독**이라 부른다. 식중독의 원인은 음식물 그 자체, 혹은 음식물에 함유된 화학물질 외에 미생물이나 바이러스가 관여해 있는 경우가 있다.

미생물로는 우선 **병원성 대장균**이 있다. 대장균은 우리의 창자에 존재하는 균으로 대부분 독성이 없다. 하지만 개중에는 독소를 지닌 균도 있다. 예를 들어 출혈성대장균 O157이 그 예다. 수일의 긴 잠복기를 거치기 때문에 원인을 밝혀내기가 어렵다.

황색포도상구균은 인간의 피부나 점막, 특히 염증이 생긴 상처에 널리 존재한다. 황색포도상구균이 증식하기 시작하면 독소를 분비하는데, 이것이 식중독의 원인으로 작용한다. 이 독소는 100℃에서 30분 동안 가열해도 버틸 만큼 끈질기다. 열기와 순수한 물에 약하기 때문에 잘 씻어서 가열하는 것이 중요하다.

살모넬라균은 자연계에 널리 분포해 있으며 동물의 장 내에도 존재한다. 예를 들어 날달걀이 이 균에 오염되어 있는 경우가 있다. 열에 약하기 때문에 충분히 익히고, 조리된 음식은 바로 먹는 것이 중요하

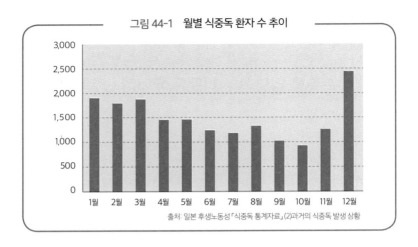

그림 44-1 월별 식중독 환자 수 추이

출처: 일본 후생노동성「식중독 통계자료」(2)과거의 식중독 발생 상황

다. 날달걀을 먹을 때는 껍질에 상처가 나 있지 않은지 잘 확인해봐
야 한다.

보툴리누스균은 혐기성이기 때문에 통조림, 병조림 등의 보존음식
에서 발생한다. 사망률이 높은 위험한 균이지만 혈청이 개발되어 치
료 효과가 높아졌다.

그 외에 바이러스로는 노로바이러스, 로타바이러스, 아데노바이러
스가 있다.

〈그림 44-1〉은 월별로 살펴본 일본의 식중독 환자 수 추이이다.
2016~2018년까지 3년간의 수치를 토대로 필자가 그 평균치를 산출
해낸 것이다. 그래프를 보면 12월에 정점을 찍은 후로는 초봄까지 환
자 수가 많다. 그러다가 여름부터 가을에 걸쳐서 감소하는 경향을
볼 수 있다. 겨울에는 회식 자리도 많고, 바이러스 역시 활발하게 활
동하여 바이러스성 식중독이 더해지기 때문으로 보인다.

45

백혈구가 우리 인체를 지키는 원리는 무엇일까?

인간의 몸은 유해한 것이 내부에 침입했을 때 즉각적으로 박멸하거나 배제하는 체계를 갖추고 있다. 인간의 몸이라는 환경을 지키기 위해 싸우는 것이다.

면역체제란 무엇일까?

생체는 유해한 것이 체내로 들어왔을 때 즉각적으로 박멸·배제하는 기구를 갖추고 있다. 이러한 기구를 **면역체계**라고 한다. **면역은 주로 혈액이 실시하는 작용**이다. 혈액을 구성하는 성분 중 적혈구와 혈소판을 제외한 물질을 뭉뚱그려 **백혈구**라고 부른다. 면역체계는 이러한 백혈구를 중심으로 돌아가는 작용이다.

백혈구에도 다양한 종류가 있는데, 주된 백혈구는 ①과립구, ②림프구, ③단핵구이다. 먼저 과립구 안에는 호중구, 호산구, 호염기구가 있다. 그중에서도 호중구는 체내로 들어온 세균 등을 우걱우걱 먹어치우는 탐식세포이다. 전체 백혈구 중 약 55%를 차지한다. 백혈구의 주력인 셈이다.

두 번째 림프구에는 T세포, B세포, NK세포 등이 있다. 여기서 T세포에는 헬퍼 T세포와 킬러 T세포, 2종류가 있다.

마지막으로 단핵구에는 **대식세포**가 있다. 앞에서 과립구 안의 호중구가 '우걱우걱 먹어치운다'고 표현했다. 그런데 대식세포는 호중구

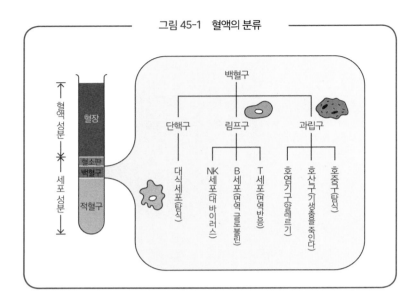

그림 45-1　혈액의 분류

를 뛰어넘는 대식가이다. 수많은 세균을 잡아먹을 뿐만 아니라 죽은 호중구까지 먹어치워서 처리해버린다.

몸 안에서 벌어지고 있는 항원항체반응

면역세포는 몸 안으로 들어온 이물질인 항원에 어떻게 맞서 싸우고 있을까? 다음을 보자.

① **호중구**: 호중구가 먼저 공격에 나선다. 호중구는 이물질을 발견하면 무엇이든 우걱우걱 먹어 치워버린다.

② **대식세포**: 호중구가 손쓸 수 없는 강적이 나타났다면, 이번에는 대식세포가 출동한다. 대식세포는 이물질을 먹어치울 뿐 아니

라, 이물질의 잔해를 자신의 몸에 새겨서 이물질 종류를 아군에게 알려준다.

③ **헬퍼 T세포**: 호중구나 대식세포가 싸우는 모습을 보고 있던 헬퍼 T세포는 킬러 T세포와 B세포에게 명령을 내린다.

④ **킬러 T세포**: 헬퍼 T세포의 명령을 받은 킬러 T세포가 출격한다. '킬러'라는 이름에서도 알 수 있듯이 무척이나 난폭하다. 적뿐 아니라 때로는 아군까지 공격하는 경우가 있기 때문에 그 행동에는 주의가 필요하다.

⑤ **B세포**: B세포에게는 적에 알맞은 무기를 만들어내라는 명령이 내려진다. B세포는 항원으로부터 정보를 받아 '감작세포(感作細胞)'라는 세포로 변형되고, 동시에 그 항원만을 위한 무기를 생산한다. 이렇게 해서 생겨난 무기가 바로 **항체**인데, 문제는 이 항체가 제작되기까지 1주일 정도가 걸린다는 점이다.

⑥ **감작세포**: B세포가 무기를 만들어내면, 감작세포(구 B세포)는 이 무기를 손에 들고 전투에 참가한다. 이 강력한 원군이 도착했을 때면 생체는 전투태세가 완벽하게 갖춰진 것이다.

이런 식으로 적이 섬멸되면서 질병으로부터 회복하게 된다.

아나필락시 쇼크

이번 싸움에서는 항체를 형성하는 데 일주일이나 걸렸지만, 다음에도 같은 적이 쳐들어왔을 때에는 곧바로 효과적인 무기를 만들 수 있도록 B세포는 '항체의 설계도'를 남겨둔다. 그리고 똑같은 항원이 다시 나타났을 때, '기다리고 있었다!' 하며 항체가 출격한다. 이때의 출격은 속도나 양적인 측면에서 첫 출격과는 차원이 다르다. 빈집털이 도둑 잡는 데 군대가 출격하는 격이다.

그런데 사실 이러한 작용이 큰 문제를 일으키는 경우가 있다. 사소한 빈집털이에 군대까지 출격했기 때문에 생체 자체가 불타는 전쟁터로 변하고 마는 것이다. 바로 **아나필락시 쇼크** 현상이다. 벌에 쏘였을 뿐인데 목숨을 잃게 되는 것은 이러한 '항원항체반응'이 과도하게 작동한 경우이다.

아나필락시 쇼크까지 이르지 않는 경우가 바로 **알레르기**이다. 알레르겐이라 불리는 항원을 통해 일어나는, 말하자면 많이 완화된 아나필락시 쇼크라고 볼 수 있겠다. 꽃가루, 먼지, 음식물 등 다양한 항원이 존재한다. 모든 알레르기에 효과적인 특효약은 없으며, 각각의 증상에 대응하는 개별적인 요법밖에 없는 것이 실정이다.

바이러스 검사약

2020년에는 신종 코로나바이러스가 그야말로 '창궐'했다. 이때 바이러스에 감염되었는지 여부를 판정하는 것이 바로 바이러스 검사약이다.

대표적으로 **PCR 검사**가 널리 알려져 있다. 이는 바이러스의 핵산, DNA의 유무를 판정하는 방식이다. 바이러스 중에는 DNA가 아닌 RNA를 지닌 것도 있는데, 이 경우에는 **TCR 검사**라 불리는 방법이 이용된다. 모두 민감하고 정확한 방법이지만, 판정을 하려면 특수한 장비와 훈련된 기술자가 필요하다.

반면에 핵산을 이용하지 않는 방법도 있다. 바로 **항원항체반응**을 이용하는 방법이다. 이 방법은 바이러스 자체의 존재 여부를 알아보는 것이 아니라, 과거에 바이러스가 '있었는지' 알아보는 방식이다. 이쪽은 간단한 기구로 단시간 만에 판정을 내릴 수 있기 때문에 개인병원 같은 의료현장에서도 이용할 수 있다.

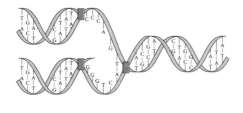

제 **10** 장

원자력은 환경과

· · · · · · · · · · · · · ·

타협할 수 있을까

· · · · · · · · · · · · · ·

46

원자가 분열 혹은 융합할 때 방출되는 에너지는 어떤 원리일까?

원자력 에너지는 원자핵의 상태가 변하면서 방출되는 에너지를 뜻한다. 이러한 에너지는 방사성 붕괴, 핵분열, 핵융합 반응시에 생성된다.

발전소와 에너지

발전소의 터빈을 돌릴 때는 주로 다음의 3가지 에너지가 사용된다.

① 화석연료를 태울 때 발생하는 열에너지

② 풍력이나 수력, 태양광 등의 재생 가능한 에너지

③ 원자력에너지

지금까지 ①화석연료, ②재생 가능 에너지에 대해 살펴보았다. 이번에는 ③**원자력에너지**이다. 이 에너지는 '에너지를 안정적으로 공급할 수 있다'는 큰 장점이 있는 반면, 한 번 사고가 발생하면 걷잡을 수 없는 대참사가 벌어지고 만다는 심각한 위험성이 있다.

그렇다면 어째서 원자력은 화석연료나 재생 가능 에너지와는 다르게 그토록 무서운 위험이 따르는 것일까? 먼저 그 구조에 대해 살펴보도록 하겠다.

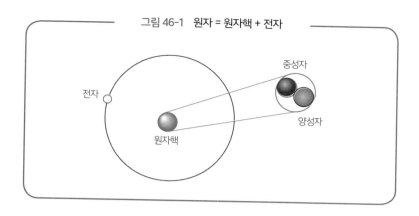

그림 46-1   원자 = 원자핵 + 전자

원자의 구조와 우라늄

원자는 원자핵과 전자로 이루어져 있다. 여기서 원자핵은 양성자와 중성자라는 2가지 입자로 이루어져 있다. 원자핵을 구성하는 양성자의 개수를 원자번호(Z)라고 한다. 또한 양성자의 개수와 중성자의 개수를 합한 수치를 질량수라고 부른다.

원자 중에는 원자번호는 같지만 질량수가 다른 원자가 존재한다. 이와 같은 원자들을 **동위체**라고 부른다. 수소에는 질량수 1, 2, 3의 세 가지 동위체가 있다. 천연 원소에서 각 동위체가 차지하는 비율을 **존재도**라고 한다. 수소는 거의 대부분이 질량수가 1임이 밝혀졌다.

원자로의 연료로 사용되는 우라늄(U)에는 질량수가 235인 우라늄(^{235}U)이 있으며, 질량수가 238인 우라늄 238(^{238}U)이 있다. 그중 **원자로의 연료로 쓰이는 것은 우라늄 235**이지만 그 비율은 0.7%에 불과하다.

원자핵의 에너지

원자핵 중에는 저에너지이며 안정적인 것과 고에너지이면서 불안정한 것이 있다. 〈그림 46-2〉는 원자핵의 에너지와 질량수의 관계를 나타낸 것이다. 수소처럼 질량수가 작은 원자나 우라늄처럼 큰 원자 모두 불안정하다. 다시 말해 질량수 60 정도의 원소, 예를 들어 철 등의 원소는 가장 안정적임을 알 수 있다.

〈그림 46-2〉를 보면 핵반응 에너지에도 2종류가 있다는 사실을 알 수 있다. 하나는 큰 원자가 분열하여 작아질 때 방출되는 에너지이다. 이 에너지를 핵분열에너지라고 부른다. 원자폭탄(원폭)은 이 핵분열에너지를 이용한 폭탄으로, 이를 에너지 발전 쪽으로 이용한 방식이 바로 원자력발전(원전)이다. 원전에서는 이러한 핵분열에너지의 힘을 이용한다.

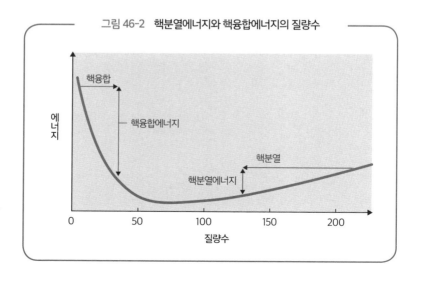

그림 46-2 핵분열에너지와 핵융합에너지의 질량수

한편 작은 원자가 융합하여 큰 원자로 변할 때도 에너지가 방출된다. 이러한 에너지를 핵융합에너지라고 부른다. 핵융합 반응은 태양 등의 항성 내부에서 벌어지는 반응이다. 수소폭탄(수폭)은 이 핵융합 반응을 이용한 폭탄이지만, 이 핵융합에너지를 이용할 기술은 아직 개발하지 못했다.

47

^{235}U

중성자란 무엇이고 어떤 파괴력이 있을까?

중성자는 양성자와 함께 원자핵을 이루고 있다. 이러한 중성자가 기하급수적으로 늘어나면 폭발하지만, 1개로 제어할 수 있다면 에너지로도 이용할 수 있다.

핵분열 반응

원자핵 반응 중 하나는 앞의 꼭지에서 본 **핵분열**과 **핵융합**이다. 핵분열의 전형적인 반응은 우라늄 235(^{235}U)에서 찾아볼 수 있다. **우라늄 235에 중성자가 충돌**하면, 우라늄 235는 핵분열을 일으키며 막대한 양의 핵분열에너지를 내뿜는다.

그와 동시에 수많은 핵분열 생성물과 함께 몇 개의 중성자가 방출된다. 이 중성자가 다른 우라늄 235와 충돌하면 또다시 분열하며 에너지와 함께 몇 개의 중성자를 방출한다. 그리고 그 중성자가 또다시 다른 우라늄 235와 충돌하는 식으로, **핵분열은 세대를 거칠 때마다 계속 증식하다 끝내는 폭발**에 이르게 된다. 이것이 원자폭탄의 원리이다. 이러한 반응을 분기연쇄반응이라 한다.

원자핵 붕괴와 방사선

또 다른 전형적인 원자핵 반응으로 **붕괴반응**이 있다. 붕괴반응이란 원자핵이 방사선이라 불리는 에너지 입자를 방출하며 다른 원자핵

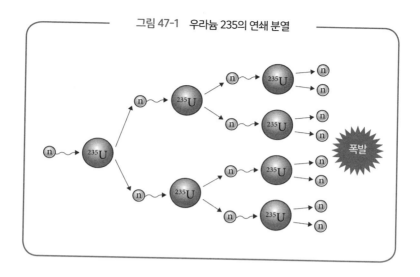

그림 47-1　우라늄 235의 연쇄 분열

폭발

으로 변화하는 반응이다. '방사성 원소, 방사선, 방사능'이라는 비슷한 용어들이 있는데, 이 반응을 관찰해보면 용어의 뜻을 쉽게 이해할 수 있다.

원자핵 붕괴를 야구의 투수가 던지는 투구에 빗대어보자. 투수는 '방사성 원소'이고, 야구공이 '방사선'이다. 투수(방사성 원소)가 던진 공(방사선)이 타자(피해자)에게 맞으면 타자는 부상을 당한다. '방사능'이란 투수로서의 능력이다. 모든 방사성 원소는 방사능(능력)을 지니고 있다. 중요한 것은 맞았을 때 부상을 당하는 원인은 방사선이라는 사실이다.

방사선은 다양하다. α선(알파선)은 헬륨4(^{4}He)의 원자핵이 고속으로 튀어나오는 것이며, β선(베타선)은 고속으로 이동하는 전자이다. 하지만 이들과 다르게 γ선(감마선)은 고에너지의 전자파이다.

그 외에 중성자선, 양자선 등 중입자선이라 불리는 방사선이 있다. 이는 강한 에너지를 지녔기 때문에 파괴력도 강한 방사선이다. 그중에서도 중성자는 전하와 자성 모두 지니고 있지 않으므로 세포 안으로 '조용히' 침투하여 회복할 수 없는 손상을 입히기도 한다.

한편 인간이 제어할 수 있는 양자선은 암세포의 박멸 등에 효과를 발휘한다.

48

원자로를 효과적으로 운용하는 데 필요한 재료와 문제점은?

핵분열 반응을 이용하는 원자로는 어떤 구조로 되어 있으며, 어떤 원리로 움직이는 것일까? 원자로가 원자폭탄처럼 폭발하지 않는 이유를 알아보자.

원자로에서 사용하는 재료

원자로는 몇 가지 중요한 재료로 이루어져 있다. 그중 하나가 바로 '연료체'이다. 연료체란 연료에 해당하는 우라늄 235를 가리킨다. 천연 우라늄에 함유된 우라늄 235는 0.7%에 불과하므로 농도를 수 % 대로 끌어올려야 한다. 또 원자폭탄으로 사용될 경우에는 수 %가 아니라 90% 정도까지 끌어올려야 한다고 한다. 이러한 작업을 **농축**이라고 한다.

농축은 우라늄을 플루오린(F)과 반응시켜서 기체인 육플루오린화 우라늄으로 만든 뒤, 여러 단계의 원심분리를 거쳐서 이루어진다. 연료로 사용되지 않는 우라늄 238(^{238}U)은 **열화 우라늄**이라 불리는데, 비중이 19.1(철의 비중: 7.9)로 높으므로 탄환 등에 사용된다. 이에 대해서는 "전쟁터라는 환경을 방사선으로 오염시킨다"는 비판의 목소리가 높다.

원자로에 사용되는 그 외의 재료로는 '제어재'가 있다. 우라늄이 폭발하는 이유는 한 번의 핵분열에서 발생하는 중성자가 여러 개일 경우 연쇄 반응을 일으키기 때문이다. 따라서 우라늄을 폭발이 아닌 정상반응(정상연소)으로 유도하기 위해서는 여분의 중성자를 원자로 내부에서 제거해주면 된다. 바로 그러한 역할을 하는 재료가 바로 제어재이다.

제어재로는 중성자를 흡수하는 성질을 지닌 카드뮴이나 하프늄이 이용된다. 과거에는 무용지물이어서 그대로 폐기되어, 이타이이타이 병을 일으켰던 카드뮴이, 지금은 중요한 역할을 하고 있는 것이다.

그 외에도 중요한 재료가 있는데, 바로 '감속재'이다. 우라늄 235에 충돌시켜 핵분열을 일으키는 중성자에는 조건이 필요하다. 그것은 **속도가 느린 열중성자(熱中性子)**여야 한다는 점이다. 하지만 핵분열에서 발생하는 중성자는 운동에너지로 가득한 고속 중성자이다. 이 고속 중성자의 속도를 낮추기 위해 사용되는 물질을 감속재라고 부른다.

중성자의 속도를 낮추려면 비슷한 질량을 지닌 물체, 즉 수소의 원자핵에 충돌시키는 것이 효과적이다. 그러므로 감속재로 대부분 '물'이 이용된다. 이러한 원자로를 경수로라고 부르는데, 일본의 원자로는 대부분 경수로형이다. 하지만 군사 목적으로 원자폭탄에 쓰일 플루토늄을 만들고자 할 경우에는 감속재로 중수(중수소와 산소가 화합된 물로, 일반적인 물보다 분자량이 크다-옮긴이), 혹은 흑연을 사용하기도 한다.

'냉각재' 역시 원자로에 사용되는 중요한 재료이다. 원자로에서 발생한 에너지를 발전기에 전달하려면 열매체, 냉각재가 필요하다. 많은 원자로에서 냉각재로 '물'을 이용한다. 즉 **경수로에서는 물이 냉각재**

와 감속재의 역할을 겸하고 있는 셈이다.

원자로의 구조와 문제점

원자력발전은 결코 신비로운 베일에 감싸인 존재가 아니다. 원리는 화력발전과 다를 바가 없다. 즉 **물을 끓여서 증기를 만들어낸 후, 이 증기의 힘으로 발전기의 터빈을 돌려** 전기를 만들어내는 것이다. 이때 화력발전에서는 보일러로 물을 끓인다. 반면에 원자력발전에서 물을 끓이는 역할은 원자로가 맡는다. 말하자면 원자로는 보일러의 대용품인 셈이다.

〈그림 48-1〉은 원자로의 내부를 최대한 간략하게 나타낸 모식도이다. 원자로는 두께 20cm 정도의 스테인리스로 만들어진 압력용기

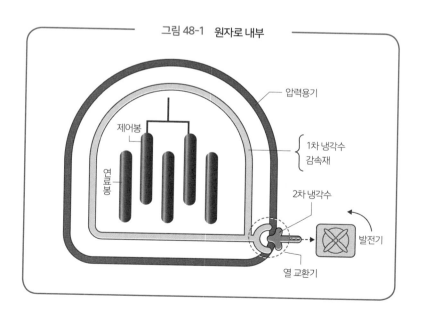

그림 48-1 원자로 내부

안에 들어 있다. 그리고 그 바깥을 두께 수 cm의 스테인리스와 두께 2cm 정도의 콘크리트가 에워싸고 있다.

원자로 안에서 열을 발산하는 부분은 연료체로, 그 사이에 제어재가 들어 있다. 제어재를 끌어올리면 흡수되는 중성자가 적어진다. 당연히 원자로 내부의 중성자는 늘어나게 되니 핵분열 반응이 활발해진다. 반대로 제어재를 내리면 많은 중성자가 흡수되어 원자로의 출력이 낮아지다 이윽고 정지된다.

냉각수는 원자로 내부에서 발생한 열을 외부로 빼내는 역할을 맡는다. 동시에 감속재의 역할도 겸하고 있다. 이 냉각수는 원자로 안쪽 깊은 곳까지 그물처럼 둘러 쳐져 있기 때문에 방사성 물질로 오염되어 있을 가능성이 있다. 따라서 열 교환기를 통해 원자로 안으로 들어가는 1차 냉각수와 들어가지 않는 2차 냉각수로 나누어서 **1차 냉각수가 외부로 유출되지 않도**록 주의를 기울여야 한다.

원자로의 문제점으로는 핵연료 폐기물과 사용을 마친 폐로를 꼽을 수 있다. 핵연료 폐기물은 핵분열을 통해 생성된 물질이니 여러 종류의 방사성 물질을 다량으로 함유하고 있다. 이것은 강한 방사능을 갖고 있어 오랫동안 방사선을 방출한다. 이 폐기물을 어떻게 처리하느냐는 중대한 문제이다.

원자로 역시 언젠가는 수명이 다하기 마련이다. 하지만 격납고 안은 방사능으로 오염되어 있다. 간단히 해체하고 철거할 수는 없는 노릇이다. 방사능이 약해질 때까지는 꾸준히 관찰하고 관리해야 할 필요가 있다. 원자력이라 하면 무한한 에너지원이라 착각하기 쉬운데,

그 원료인 우라늄의 가채연수는 170년 정도밖에 되지 않는다. 이대로 계속되면 그 어떤 화석연료보다 먼저 고갈될 것이다. 그런데 이러한 사실은 의외로 많이 알려져 있지 않다.

49

고속증식로는 원자로에 필요한 자원을 무한히 만들어내는 마법일까?

고속증식로는 소모되는 핵연료에 비해 더 많은 새로운 연료가 만들어지는 이상적인 원자로를 뜻한다. 고속 중성자의 핵분열 반응을 이용한다.

고속증식로란 무엇일까?

석유난로를 때면 방 안이 따뜻해진다. 그리고 나중에 석유탱크를 살펴보면 석유는 줄어들어 있다. 당연한 일이다. 그런데 여기에 마법의 난로가 있다. 이 난로는 방이 따뜻해진 뒤 석유탱크 안을 살펴보면 석유가 이전보다도 '늘어나' 있다. 말도 안 된다고 생각하겠지만, 이러한 능력을 지닌 원자로가 있다. 바로 **증식로**이다.

　고속증식로는 연료를 태우면 에너지를 발생시키는 데 그치지 않고, 사용한 연료의 양 이상의 새로운 연료를 만들어내는 마법의 원자로이다. 고속증식로의 '증식'이 무슨 뜻인지 이제 다들 이해했을 것이다. 연료가 처음보다도 늘어난다는 뜻이다. 그렇다면 고속이란 '고속으로 증식한다'는 뜻일까? 사실은 그렇지 않다. '고속 중성자를 이용한다'는 뜻이다.

고속증식로의 큰 이점

원자로 원료로 이용되는 농축 우라늄은 우라늄 235를 수 %대까지 끌어올려야 한다. 그렇다면 90% 이상은 우라늄 238이 차지하고 있는 셈이다. 이 우라늄 238(^{238}Pu)이 고속 중성자를 흡수하면 원자핵 반응을 일으켜 플루토늄 239(^{239}Pu)으로 변화한다.

플루토늄 239는 우라늄 235와 마찬가지로 핵분열을 일으키므로 원자로의 연료가 된다. 그리고 핵분열이 벌어질 때 고속 중성자를 발생시킨다. 주위에 우라늄 238이 있다면 이 고속 중성자를 흡수하여 플루토늄 239로 변화한다. 이것이 '연료 증식의 비밀'이다.

다시 말해 연료로 쓰일 플루토늄 239를 비연료인 우라늄 238로 감싼 연료를 만든(〈그림 49-1〉 참조) 뒤, 플루토늄 239를 연소(핵분열) 시킨다. 그러면 그곳에서 발생한 고속 중성자가 비연료인 우라늄 238 을 연료인 플루토늄 239로 변화시키는 것이다.

고속증식로의 이점이 한 가지 더 있다. 바로 우라늄의 가채연수를 늘릴 수 있다는 사실이다. 앞의 꼭지에서 우라늄의 가채연수가 대략 170년이라 언급했는데, 이것은 일반적인 원자로로 우라늄 235를 계 속 태웠을 경우의 수치이다.

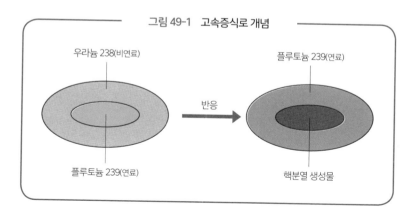

그림 49-1　고속증식로 개념

우라늄 238(비연료)

플루토늄 239(연료)

반응

플루토늄 239(연료)

핵분열 생성물

고속증식로에서는 희귀한 우라늄 235가 아니라, 대량으로 존재하는 우라늄 238을 연소시킨다. 우라늄 235의 존재비는 0.7%, 우라늄 238은 99.3%이다. 거의 140배에 달한다. 그렇다면 가채연수 역시 어림잡아 170년의 140배, 즉 2만 년은 거뜬하다는 말이 된다.

고속증식로의 문제점과 플루서멀 계획

자원이 별로 없는 일본의 관점에서 보자면 고속증식로는 꿈만 같은 방식이지만, 역시나 문제점이 있다. 바로 일반적인 원자로에서는 냉각재로 물을 사용하지만, 고속증식로에서는 물(수소가 함유됨)을 사용할 수 없다는 사실이다. 앞서 보았듯 수소는 감속재이니 여기에 충돌한 고속 중성자는 속도를 잃게 된다. 이 방법으로 우라늄 238을 플루토늄 239로 바꿀 수 있다면 좋겠지만 그럴 수는 없다.

그렇다면 물(수소)을 함유하지 않는 냉각재의 후보로는 무엇이 있을까? 수은(비중 13.6)이나 납(비중 11.3)도 생각해볼 수 있지만, 이 물질들은 비중이 지나치게 크기 때문에 원자로 시설의 강도가 버티지 못한다. 결국 냉각재로 이용되는 물질은 소듐(비중 0.97, 녹는점 98℃)이다. 하지만 **소듐은 반응성이 매우 높기 때문에 물과 반응하면 수소를 발생시키며 대폭발을 일으킨다.** 소듐 누출이 벌어지면 끔찍한 사고로 이어질 가능성이 있으므로 설비와 운전에 신중함이 필요하다.

현재 고속증식로 상업용 운전에 성공한 국가는 러시아뿐이다. 일본에서는 실험용 고속증식로 '몬주(후쿠이현 쓰루가시 소재)'를 이용해 연구를 진행하고 있었으나 1995년에 소듐 누출 사고를 일으켰고,

'몬주'는 복구되지 못한 채 폐로가 되었다. 이후에 고속증식로 계획은 중단되었다.

그런데 가동 중인 일반적인 원자로에서는 플루토늄이 계속해서 생산되고 있다. 플루토늄은 위험한 방사성 원소다. 나가사키에 떨어진 원자폭탄이 플루토늄 239를 이용한 폭탄(히로시마에 떨어진 원폭은 우라늄 235)이었다는 사실에서도 알 수 있듯이, 원자폭탄의 원료가 되는 위험한 물질이다.

가능하다면 대량으로 보관하는 일은 피해야 한다. 그러니 플루토늄과 우라늄을 섞은 **MOX 핵연료**(Mixed Oxide)를 일반적인 원자로의 연료로 사용하자는 계획이 있다. 이를 **플루서멀 계획**이라고 부른다.

환경과 과학

토륨 원자로

원자로의 연료로 사용되는 물질은 우라늄(U, 원자번호 92)이나 플루토늄(Pu, 원자번호 93)이 전부는 아니다. 토륨(Th, 원자번호 90) 역시 연료가 된다. 토륨의 동위체는 거의 100% ^{232}Th로, 이는 그대로 연료로 쓰이기 때문에 우라늄처럼 농축하는 수고를 덜게 된다. 심지어 지각에 존재하는 양은 우라늄보다 3배나 많다. 원자로의 연료로는 최적의 물질이지만, 유일한 단점(?)은 원자폭탄의 원료인 플루토늄을 만들어내지 못한다는 사실이다. 일본에서는 과거에 실험적으로 5년 정도 토륨 원자로를 가동한 적이 있다. 최근 인도나 중국에서도 연구가 진행 중이라고 한다.

50

235 U

지상에 태양을 실현할 수 있을까?

우주 저 멀리 떨어진 태양을 지구의 지상에 실현할 수 있다면 어떻게 될까? 지상에 태양을 실현 시키려는 인공 태양 계획이 있다.

핵융합로의 구조

핵융합로는 지금까지 언급해온 원자력발전과는 다르다. 원자력발전은 '핵분열' 에너지를 이용하는 반면, 핵융합로는 '핵융합' 에너지를 활용하려는 방식이다. 이른바 지구상에 '소형 태양'을 실현시켜서 그 에너지를 천천히 끄집어내자는 것이다.

핵융합로에 이용할 수 있는 핵융합 반응은 여러 가지가 있지만 현재 **핵융합에 가장 유력시되는 반응은 중수소(D)와 삼중수소(T)를 반응시키는 D-T반응(Deuteron-Tritium reaction, 중수소-삼중수소반응)**이다. 이 반응에서 생겨나는 에너지의 양은 우라늄(같은 질량의 경우)을 이용한 핵분열 반응의 4~5배, 석유를 태웠을 경우의 8,000만 배에 달한다고 한다.

핵융합로의 원형도 몇 종류가 연구되고 있다. 현재 성과를 거둔 것은 일본 등에서 개발한 토카막(Tokamak)형이라 불리는 형태다. 토카막형에서는 원자에서 전자를 떼어내 원자핵과 전자의 집합체인 플라즈마를 만들어낸다.

다음으로 이 원자핵이 서로 충돌하여 핵융합이 시작되면서 핵융

240

합 에너지가 방출된다. 하지만 그러기 위해서는 플라즈마가 일정한 시간 동안 고온·고밀도의 상태를 유지해야만 한다. 그 조건을 임계 플라즈마 조건이라 부른다. 온도 1억 ℃ 이상, 밀도 100조 개/cm³ 이상, 지속시간 1초 이상의 조건을 충족해야 한다.

핵융합로의 현재

앞에서 언급한 임계 플라즈마 조건은 2007년에 달성되었다. 현재 온도는 1억 2,000만 ℃를 달성한 상태이다.

핵융합로는 인공 태양이다. 핵융합로가 실용화된다면 인류는 에너지 문제에서 해방된다고 한다. 반세기가 넘는 시간 동안 열정적인 연구를 통해 어느 정도 성과를 올리기는 했지만, 아직 실현되기까지는 갈 길이 멀다.

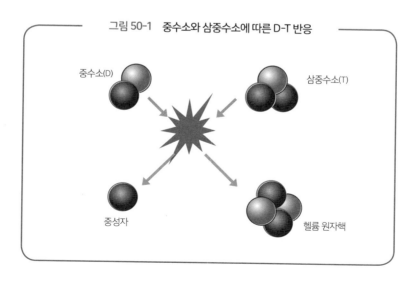

그림 50-1 중수소와 삼중수소에 따른 D-T 반응

중수소(D)
삼중수소(T)
중성자
헬륨 원자핵

제 11 장

3R 운동으로

순환형 사회로

거듭날 수 있을까

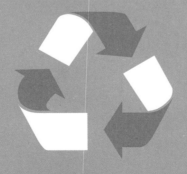

51

자원 낭비를 어떻게 막을 수 있을까?

우리는 한정된 자원을 무한한 것처럼 사용하고, 환경에 의존하지만 환경을 생각하지 않은 채 살아가고 있다. 언젠가는 고갈된 자원을 아끼는 행동이 필요할 때다.

3R이란 무엇일까?

우리는 환경에 의존하며 살아가고 있다. 살아가기 위해서는 환경으로부터 자원을 얻어야만 한다. 하지만 자연의 자원은 무한하지 않다. 계속 쓰다 보면 언젠가는 고갈되고 마는 것이다.

한정된 자원을 고갈시키지 않으려면 현명하고도 이성적으로 사용하는 것이 중요하다. 이를 위해 제창된 발상이 바로 **절약(Reduce)**, 재사

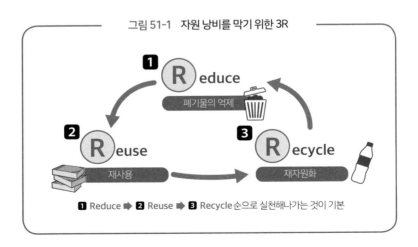

그림 51-1　자원 낭비를 막기 위한 3R

❶ Reduce ➡ ❷ Reuse ➡ ❸ Recycle 순으로 실천해나가는 것이 기본

용(Reuse), 재활용(Recycle)을 뜻하는 3R이다. 여기서 절약은 규모를 조금 키우면 자원 절약이라고도 볼 수 있다.

철저하게 3R을 실천하는 사회

옛날에는 3R이 구석구석 스며들어 있었다. '아끼며 살자'는 가치관이 사람들에게 구석구석 스며들어 있었기 때문이다. 모든 물건을 소중히 여기며 오랫동안 사용했다. 옷이 찢어지면 기워서 입고, 더는 안 되겠다 싶으면 잘게 찢어 실처럼 꼰 다음에 이것으로 천을 짜고는 했다.

용기도 마찬가지였다. 버리지 않고 계속 돌려썼다. 그런데 현대에 와서는 기껏해야 맥주병 정도나 재활용을 하는 것 같다. 조금이라도 망가지면 버리는 게 요즘이다.

모든 물질은 자원으로 여겨졌다. 쌀을 수확하고 남은 볏짚도 중요한 자원이었다. 엮어서 삿갓이나 짚신을 삼거나 요즘 말로 레인코트에 해당하는 도롱이 같은 재래식 우비를 만들고는 했다. 그러다 해지면 발효시켜서 비료로 삼았다.

현대사회에서 그렇게까지 하기는 무리겠지만, 그걸 감안하더라도 우리는 자원을 지나치게 낭비하고 있는 것은 아닐까? 우리는 자원에서 필요한 부분만 취한 뒤 나머지 부분은 폐기물로 자연에 돌려보낸다. 그 결과 자원의 형태는 본래의 모습에서 조금씩 벗어나기 시작했다. 지금의 상황을 이대로 쭉 방치했다간 자연은 돌이킬 수 없는 지경에 이르게 될 것이다.

좋은 예시가 바로 화석연료의 가채매장량이다. 석탄이 220년, 석유·천연가스가 60년 정도이다. 우라늄도 170년 정도이다. 일본의 모든 자동판매기에서 사용하는 전력은 50만 kW급 원자력발전소의 발전량과 맞먹는다는 말도 있다.

자원을 가능한 한 온전하게 보존시켜서 적은 자원을 유효하게 살리자는 발상이 바로 자원 절약이다. 여기에는 지나치게 자원을 낭비해온 현대문명에 대한 반성의 의미도 있다. 쿨비즈 운동(시원하다는 뜻의 cool과 business를 합친 합성어로, 에어컨을 지나치게 사용하는 대신에 답답한 정장을 벗고 넥타이를 풀어서 여름을 나자는 캠페인-옮긴이) 등은 그 일환으로 볼 수도 있을 것이다.

재사용과 재이용이란 무엇일까?

자원을 몇 번이라도 재이용할 수 있다면, 우리가 우리의 환경을 파괴하는 발걸음을 늦추거나 없앨 수 있다. 이것이 바로 자원의 순환이다.

자원을 재사용하는 Reuse

최근 들려오는 주장으로 **순환형 사회**가 있다. 이는 소중한 자원을 반복해서 사용하자는 운동이다. 순환 방법으로는 자원의 재사용(Reuse)과 재활용(Recycle)이 있다.

재사용은 한 번 사용한 용기 따위를 그대로 버리는 대신, 다시 한 번 사용하자는 발상이다. 재사용의 좋은 사례가 바로 맥주병이다. 현재도 90% 이상이 회수되어 재사용되고 있다. 알루미늄캔이나 스틸캔 회수율 역시 80% 이상을 자랑하는데, 이것들은 그대로 재사용하는 것이 아니라 일단 녹여서 원료 금속으로 되돌린 후에 다시 금속으로 이용한다. 그러니 엄밀히 따지자면 재사용(Reuse)이 아니라 재활용(Recycle)인 셈이다.

하지만 현대사회에서는 뭔가를 할 때마다 예상치 못한 곳에서 에너지를 사용하기 마련이다. 빈 용기를 재사용하기 위해서는 용기를 공장으로 운송하기 위한 운반기기가 필요하며, 운반기기에도 연료가 필요하다. 또한 식품 용기의 경우는 위생적인 면에서 안전성이 보장되어야 한다. 역시 그렇게 하려면 소독을 위한 인건비와 소독 약품도 필요하다.

이러한 곳에서 소비되는 에너지와 비용을 고려해보면, 재사용이 유의미한 경우와 무의미한 경우로 나뉘고 만다.

소재의 재활용

한 번 사용한 용기 등을 원료의 형태로 되돌린 후 재가공해서 사용하는 경우를 **재활용**이라고 한다. 다 쓴 물건을 다시 원료로 되돌려서 이용하는 소재 재활용과 다 쓴 물건을 연료로 태워서 그 열에너지를 이용하는 열 재활용이 있다.

회수한 알루미늄 캔을 녹여서 일단 알루미늄 원료로 만든 뒤, 그 **원료를 가공하여 알루미늄 새시 등으로 이용하는 방식이 바로 소재 재활용**이다.

플라스틱 역시 소재 재활용이 가능하다. 예를 들어 페트(PET, 폴리에틸렌 테레프탈레이트)는 에틸렌글리콜과 테레프탈산을 원료로 합성된다. 페트는 섬유로 만들어서 옷을 만들 수도 있는데, 이때는 폴리에스테르라는 이름으로 불린다. 회수한 페트병을 가열해 녹이면 원료인 폴리에틸렌 테레프탈레이트로 돌아간다. 이것을 다시 성형하면 페트병으로 만들 수도 있고, 섬유로 옷을 만들 수도 있다.

문제는 이와 같은 페트 제품 재이용에 대한 가치판단이다. 페트 제품을 폴리에틸렌 테레프탈레이트로 되돌려서 이용하려면 회수된 페트는 순수한 페트여야 한다. 조금이라도 다른 종류의 플라스틱이 섞여 있다면, 재생 페트 제품의 품질이 떨어지기 때문이다.

이러한 비용과 노력을 투자할 바에야 새 원료를 이용하는 편이 자원 절약에 도움이 될 가능성도 있다.

열 재활용

가연성 회수물은 그대로 태워버리되 그 열을 에너지로 유효하게 이용하자는 발상이 바로 **열 재활용**이다. 물질을 태운다면 그 물질은 흔적도 없이 사라지고 말 것 같지만, '열역학 제1법칙(물질 불멸의 법칙)'에 의거해 그러한 일은 벌어지지 않는다는 사실이 밝혀진 바 있다. 물질은 태우면 산화물로 모습을 바꿀 뿐, 결코 사라져버리지 않는다.

특히 산화반응의 경우 산화 에너지라는 대량의 에너지를 발생시킨다. 예전에는 열원으로 장작이나 폐 건축자재를 이용했었다. 하지만 현재는 거의 대부분 열원은 석유나 천연가스로 교체되었다. 필요가 없어진 나무 건축자재는 쓰레기 소각장에서 태워진다. 플라스틱도 마찬가지다.

그 결과 쓰레기 소각장에서는 날마다 대량의 연소 에너지가 발생하게 되는데, 이러한 에너지는 **폐 에너지**로서 냉각수를 통해 환경에 버려진다. 이는 과거 소중하게 이용되었던 열에너지가 지금은 걸리적거리는 존재처럼 취급받으며 버려지고 있음을 의미한다. 에너지 위기를 걱정하면서, 한편으로는 소중한 에너지를 버리고 있는 것이다.

플라스틱이나 폐 자재나 모두 소중한 연료이다. 연료로 태워서 발생한 열에너지는 지역 냉난방에 사용하거나 전기에너지로 바꾸어 각종 기기를 운전하는 데 사용하면 된다. 현대과학은 고온의 열에너지는 능숙하게 사용하는 반면, 저온의 열에너지는 잘 다룬다고 말하기 어렵다. 앞으로는 50℃ 혹은 60℃의 저온 열에너지를 유효하게 이용할 방법을 연구해야 할 터이다.

개인으로서 환경 문제는 어떻게 시작해야 할까?

환경 문제는 국가 단위의 노력 못지않게 개인 단위의 노력도 중요하다. 개개인 한 명 한 명이 모이면 큰 힘을 발휘할 수 있다.

개인이 바꿔나갈 수 있는 것들

환경 문제는 많은 사람들의 관심을 모으며 시민 개개인이 참여하는 시민활동으로도 활발하게 번져나가고 있다.

우리의 환경을 지키기 위해 가장 중요한 것은 개개인의 의식 문제이다. 개인이 할 수 있는 일은 작지만, 모이면 거대한 힘이 될 수 있다.

1978년에 일본에서 시작된 혐연권 운동은 그러한 사례 중 하나로 볼 수 있겠다. 개개인이 하나 둘 담배를 끊기 시작하면서 금연이 점차 확산된 바 있다. 금연은 흡연자의 건강과 직결될 뿐 아니라 공기가 정화된다는 사실에서 보자면 많은 사람들의 건강과도 이어지는 환경 문제이다.

각자 자동차를 이용하는 횟수를 10%만 줄여도 화석연료의 가채매장량은 늘어나고, 이산화탄소 배출량도 줄어들게 된다. 환경 문제를 해결할 마지막 열쇠는 우리 한 사람 한 사람의 의식이 쥐고 있다.

가정 단위에서의 환경 보호

가정은 소수의 집합체에 불과하지만 사회를 구성하는 기초 단위이다. 인간의 몸으로 따지자면 세포와도 같은 존재인 셈이다. 가정에서의 의식 수준은 사회 전체의 환경 문제에 지대한 영향을 끼친다.

가정에서 배출되는 하루치의 쓰레기는 적은 양이지만, 1년 치로 환산하면 수십 kg에 달한다. 가정에서 10%만 줄이더라도 전국에서는 방대한 양의 쓰레기를 줄일 수 있을 것이다. 절전, 상하수도 절수 등 가정 단위에서 조금만 더 환경에 신경을 쓴다면 효과적인 절감이 가능할 것이다.

지역에서의 환경 교육도 효과적

지역 환경의 정비는 지역이 해야 할 일이다. 정기적으로 모여 쓰레기 줍기 같은 환경보호 활동을 실시하는 것은 단순한 환경 정비를 넘어서 그 행동을 통해 아이들에게 환경의 소중함을 일깨워준다는 의의가 있다.

환경 문제는 행동도 중요하지만 공부를 통해 의식을 고취시키는 것도 중요하다. 환경 문제의 본질이 어디에 있는지는 공부를 해야만 알 수 있는 점이 많다. 전문가를 초빙해 강연회를 열거나 친구들끼리 공부하는 자리를 갖는 것은 지역에서 할 수 있는 중요한 환경보호 활동의 일환이라고 볼 수 있겠다.

쓰레기 분리배출

가만히 있어도 쓰레기는 날마다 쌓여간다. 자투리 채소나 먹고 남은 음식물쓰레기, 플라스틱 팩, 페트병, 각종 전단지 등이 있다. 갖다 버리고 싶어도 음식물쓰레기와 페트병은 함께 버릴 수 없다. 이러한 분리배출 관련 사항은 지자체별로 다르다. 예를 들어 A 지역에서는 34종류로 분류된다고 하며, B 지역에서도 26종류로 분류된다고 한다. 이쯤 되면 쓰레기를 분리하는 것도 머리 깨나 쓰는 일이다. 이사라도 가면 새로운 규칙에 다시 익숙해져야 하니 이만저만 번거로운 게 아니다. 하다못해 일상 쓰레기만이라도 2~3종류로 간략하게 줄일 수는 없을까?

54 국가 규모의 환경 대책은 무엇이 있을까?

환경 문제에서 개개인도 중요하지만, 이제는 단위가 큰 국가가 나서지 않으면 안 되는 상황이 되었다. 이번에는 행정기관이 할 수 있는 일을 알아보자.

국가는 법률 정비부터

현재 환경 문제는 국가 전체가, 나아가 국가 간에 협약을 맺지 않고 서는 실효성 있는 대책을 강구할 수 없는 수준에까지 와 있다. 예를 들어 오존홀 문제는 이러한 방식을 통해 해결로 다가가고 있다. 그렇다면 지금 우리가 처한 최대의 환경 문제라 해도 과언이 아닌 지구온난화, 산성비 문제에도 이러한 대처가 필요할 것이다.

국가가 대책을 세울 경우에는 법률의 제정 및 정비를 수단으로 삼게 된다. 2000년에 일본에서는 한정된 자원을 유효하게 사용하자는 취지하에 순환형 사회 형성 추진 기본법을 제정했다. 그리고 그 법률의 정신을 구체화하기 위해 다음과 같은 관련 법안이 성립되었다.

- **폐기물 처리법**: 가정이나 기업에서 배출되는 각종 폐기물의 소각, 매립 등에 대해 규정한 법률
- **자원 유효 이용 촉진법**: 제품을 제조할 때 자원을 절약하고 제품의 수명 연장을 도모할 것을 사업자에게 촉구함과 동시에 제품의 회

수, 재이용 등을 규정한 법률

- **각종 재활용법**: 사업자, 소비자가 하나 되어 재활용을 촉진하게끔 규정한 법률

환경세 창설

환경 문제에 실효성 있게 접근하기 위해서는 추가적인 규제 역시 필요하다. 그러한 취지의 수단 중 하나가 바로 **환경세**이다. 환경세는 사업자가 환경에 부담을 주는 물질을 사용했을 경우 여분의 세금을 징수하는 법안이다.

이 방식을 통해 사업자는 환경에 부담을 주는 물질을 사용하지 않게끔 노력하게 되고, 행정기관 측에서는 그 세금을 이용해 환경 대책을 취할 수 있게 된다.

그림 54-1　각국의 환경세 사례

국가명	명칭	도입연도	개요
네덜란드	일반 연료세	1988	탄소 함유량에 따라 각 에너지에 대해 금액을 매겨 기존의 에너지세에 추가
덴마크	CO_2세	1992	탄소 함유량에 따라 휘발유를 제외한 거의 모든 에너지에 대해 금액을 매겨 기존의 에너지세에 추가
독일	환경세제개혁	1999	석탄을 제외한 각종 석유·천연가스 계열연료에 대한 기존의 광유세(鑛油稅)를 증세, 전기세 신설
영국	기후변동세	2001	기존의 에너지세에서 과세 대상이 아니었던 LPG, 천연가스, 석탄, 전력에 과세

현재까지 과세 대상은 화석연료 등 이산화탄소를 배출하는 물질이다. 하지만 훗날 훨씬 광범위하게 추가될 가능성이 있다. 〈그림 54-1〉은 여러 국가들의 예를 표로 정리하였다. 일본에서도 2012년에 '지구온난화 대책을 위한 세금'이 성립된 바 있다.

55

친환경을 넘어 정화하는 화학이란?

그린 케미스트리는 환경에 미치는 마이너스 효과가 적은 화학기술이나 화학산업을 총칭한다. 그린 케미스트리를 적용할 수 있는 범위는 넓다.

원료의 재검토, 촉매 이용

풍요로운 자연환경을 나타내는 색은 보통 초록색(그린)을 사용한다. 여기에 화학을 뜻하는 말인 케미스트리를 합쳐 **그린 케미스트리라고 부른다. 친환경 화학을 의미하는 용어이다.** 즉 그린 케미스트리란 환경을 오염시키지 않을 뿐 아니라 오염된 환경을 되살리는 화학이라는 뜻이다.

화학반응에는 각종 원료가 이용되는데, 개중에는 유독성 물질도 있다. 이러한 물질을 사용하면 반응을 일으키지 않은 물질이 잔류하여 사용자에게 해를 끼치는 경우가 있다. 앞 장에서 보았던 새집증후군은 플라스틱의 원료로 유해 물질인 포름알데하이드($HCHO$)가 사용되면서 발생한 질병이었다. 그래서 현재는 아세트알데하이드(CH_3CHO) 등 가능한 한 독성이 적은 원료를 사용하려는 시도가 이어지고 있다.

촉매의 역할은 단순히 반응 속도를 높여주는 데 그치지 않는다. 애당초 촉매 없이는 일어나지 않는 반응도 있다. 즉 효과적인 촉매를 발견하거나 개발한다면, 그전까지 여러 단계의 반응을 거쳐야만 합성할 수 있었던 화합물을 단 한 번의 반응으로 합성하게 될 수도 있게 되는 것이다. 이를 친환경을 위해 이용할 수도 있다.

예를 들어 디젤 엔진을 탑재한 자동차의 배기가스를 정화해주는 삼원촉매(배기정화시스템)는 CO의 연소, NOx의 분해, 타고 남은 석유의 완전 연소라는 3가지 반응을 한 번에 처리하는 촉매이다. 하지만 백금 등의 귀금속을 이용한다. 이는 상대적으로 비용이 비싸다는 뜻이다. 그렇기 때문에, 앞으로는 저렴한 금속을 이용한 촉매가 개발되기를 기대해본다.

초임계 상태 이용

초임계 상태를 이용하자는 독특한 아이디어도 있다. 물을 압력 218 기압 이상, 온도 375℃ 이상으로 만들면 초임계 상태라는 특수한 상태에 놓인다. 초임계 상태의 물은 액체와 기체의 중간 성질을 띠며 **유기물마저 녹일 수 있게** 된다.

이러한 물을 이용해 유기화학반응을 일으키면, 유기용매를 이용하지 않아도 된다. 그러면 **폐액의 양이 줄어들고, 환경에 주는 부담도 적어지게 된다.** 또한 **초임계수**를 이용하면 유해물질인 PCB를 효과적으로 분해할 수 있다는 사실이 밝혀지기도 했다.

또 다른 예도 있다. 이산화탄소는 73기압, 31℃라는 상대적으로 평이한 조건에서 초임계 상태에 놓인다. 그렇기 때문에 이산화탄소의 초임계 상태 역시 비슷한 목적으로 사용되고 있다. 이산화탄소는 기체이다. 이것은 반응을 마친 후 상온, 상압으로 되돌리면 휘발되어 사라지고 만다는 뜻이다. 즉 반응 용매를 제거할 수고와 에너지가 불필요한 셈이다.

제 12 장

지속 가능한 개발 목표는

어떻게 이룰 수 있을까

지속 가능한 개발이란 무엇일까?

과거에는 개발이란 명목 아래 환경이 파괴되거나 훼손되었다. 하지만 이제는 환경도 지키면서 보편적 가치를 위한 개발이 필요한 때다.

SDGs란 무엇일까?

SDGs라는 용어를 신문이나 뉴스에서 곧잘 접하게 된다. SDGs란 무엇일까? SDGs란 Sustainable Development Goals, 즉 **지속 가능한 개발 목표**의 줄임말이다.

이는 2015년에 UN 총회에서 채택된 것으로, 이름에서 알 수 있듯이 활동 목표를 가리키고 있다. 다시 말해 17개의 국제적인 목표와 각 국제적 목표에 딸린 세부적인 목표가 대략 10개씩, 도합 169개의 달성 목표로 이루어져 있다. 말하자면 개발을 위해 전 세계가 노력해야 할 목표인 셈이다.

SDGs가 생겨난 배경은 무엇일까?

이러한 이념 자체는 1980년에 국제자연보호연합(IUCN), UN 환경계획(UNEP) 등이 정리한 '세계 보전 전략'에 이미 제출된 바 있다. 또한 UN의 하부조직 '세계환경개발위원회(WCED)'가 1987년에 발행한 최종보고서 「지구의 미래를 지키기 위해서」에 그 중심적인 개념으로 소개되어 있다.

WCED 보고서에 실린 설명에 따르면 이 이념은 '이후 세대의 욕구를 충족시킬 능력을 유지하는 동시에 현 세대의 욕구를 충족시킬 수 있는 개발'을 말한다. 알기 쉽게 해석하자면 **후세에 빚을 남기지 않으며 현대를 윤택하게**라는 뜻이 된다.

이후 1992년 UN 지구환경회담에서는 중심 원칙으로 '환경과 개발에 관한 (리우) 선언'이나 '아젠다 21'이 구체화되는 등 SDGs는 오늘날의 지구 환경 문제에 관한 세계적인 대처 방안에 큰 영향을 미친 이념이 되었다.

지속 가능한 개발을 유지하기 위해

1992년의 UN 지구환경회담에 이어 2002년에 열린 지구 환경 문제에 관한 국제회의에는 '지속 가능 발전 세계 정상 회의(WSSD)'라는 이름이 붙었다. 전 세계의 지속 가능한 발전을 목표로 삼는다는 말에는 '선진국과 개발도상국 모두가 지속 가능성을 추구할 것'이라는 뜻이 담겨 있다.

그러므로 선진국이 개발도상국을 외면하거나 이용하는 일이 벌어져서는 안 될 것이다. 모두가 지속 가능한 개발을 실현하려면 다음과 같은 경제 협력의 양상이 중대한 문제로 떠오른다.

① 개발·빈곤 해소와 환경 보전을 위해 정부 개발 원조는 어떻게 이루어져야 하는가

② 국경을 초월한 직접 투자는 어떻게 이루어져야 하는가

③ 환경 보전을 이유로 내건 무역 제한(관세, 비관세 장벽)은 어떻게
　　이루어져야 하는가

　지속 가능한 개발을 유지하려면 다양한 인재의 육성이 특히 중요
해진다. 그러려면 국제기관, 국가, 지자체와 더불어 NGO, NPO 등의
비영리단체, 나아가 일반 기업, 일반 시민 등의 자주적인 노력과 참여
가 필요하다. 이러한 준비 기간을 거쳐 2015년 9월 25일에 열린 UN
총회에서 차후 15년간 새로운 개발 지침으로, '지속 가능한 개발을
위한 2030 아젠다'의 169개 목표가 채택되었다.

　이렇게 정리된 SDGs는 '17개의 주된 목표와 169개의 달성 목표'로 이루
어져 있으며 복잡한 사회, 경제, 환경적 과제를 폭넓게 다루고 있다.

SDGs의 달성 근황

SDGs가 채택되고 2년이 지난 2017년, UN 사무국은 "SDGs에 실린
수많은 분야의 진척 상황은 2030년까지 달성 가능한 페이스를 한참
밑돌고 있다"라고 발표했다. 2019년에도 SDGs의 진척 보고서를 공
표했다. 수뇌부 수준에서 발표되는 SDGs의 진척 상황 보고는 4년에
1번씩 실시된다. 2015년에 채택된 이후 최초로 발표되는 보고에 각계
가 주목했다. 하지만 1번부터 17번 각각의 목표가 궤도에 오르기에
는 아직 멀었으며, 목표가 달성되기까지 수많은 과제가 산적해 있음
이 밝혀졌다.

지속 가능한 개발의 목표는 무엇일까?

SDGs는 주된 17개 목표가 있다. 이는 전 세계의 복잡한 사회, 경제, 환경적 과제를 폭넓게 다룬 전 지구적인 목표이다.

'지속 가능한 개발'은 현재 환경 보전에 대한 기본적인 공통 이념으로서 국제적으로 널리 받아들여지고 있다. 이는 **환경과 개발을 반대되는 개념**이 아니라 공존할 수 있는 개념으로 보는 것이다. 환경 보전을 염두에 둔 자제력 있는 개발이 가능하며, 또한 중요하다는 발상이다.

SDGs로 정리된 17개의 국제 목표는 다음과 같이 정리할 수 있다. 더 이상 풀어서 설명하기 어려울 정도로 무척이나 단순하고 이해하기 쉬운 사항들뿐이다. 하지만 바꿔 말하자면 다음과 같은 문제에 허덕이는 사람들의 생생한 목소리를 그대로 반영한 것이라고도 할 수 있다.

① 빈곤의 종식

: 다양한 장소에서 다양한 형태의 빈곤을 종식시킨다.

② 기아의 종식

: 기아를 종식시켜 식량의 안전을 보장함과 동시에 영양 상태를 개선시키고 지속 가능한 농업을 촉진시킨다.

③ 사람들의 건강한 삶과 복지 증진

: 다양한 연령대의 모든 사람들의 건강한 생활을 확보하고 복지를 촉진시킨다.

④ 양질의 교육 보장

: 포용적이며 공정한 양질의 교육을 제공하며 평생 교육의 기회를 촉진시킨다.

⑤ 성평등의 실현

: 성평등을 달성하여 모든 여성 및 여아의 능력을 향상시킨다.

⑥ 안전한 물과 화장실의 보급

: 모두를 위한 물과 위생 시설의 이용 가능성과 지속 가능한 관리를 보장한다.

⑦ 모두를 위한 청정 에너지

: 모두를 위한 저렴하고 신뢰성 높으며 지속 가능하고 현대적인 에너지에 대한 접근을 보장한다.

⑧ 노동의 보람과 경제 성장

: 포용적이며 지속 가능한 경제 성장 및 모든 사람들의 완전하고도 생산적인 고용과 일할 보람이 있는 인간다운 고용을 증진시킨다.

⑨ 산업과 기술 혁신의 기반 마련

: 회복력 있는 사회 기반 시설을 구축하고 포용적이며 지속 가능한 산업화 증진 및 혁신을 촉진시킨다.

⑩ 사람과 국가의 불평등 해소

: 국가 내부 및 국가 간의 불평등을 완화시킨다.

⑪ 지속적으로 거주 가능한 도시

: 포용적이고 안전하며 회복력 있고 지속 가능한 도시와 거주지를
실현시킨다.

⑫ 만드는 책임, 사용하는 책임

: 지속 가능한 소비 및 생산 양식을 확보한다.

⑬ 기후 변동에 대한 구체적 대책

: 기후 변화와 그 영향을 방지하기 위한 긴급 대책을 실시한다.

⑭ 풍요로운 바다를 지키자

: 지속 가능한 개발을 위해 해양 및 해양 자원을 보전하고 지속 가
능한 형태로 이용한다.

⑮ 풍요로운 육지를 지키자

: 육상 생태계의 보호, 회복, 지속 가능한 이용 추진, 산림의 지속
가능한 경영, 사막화에 대한 대처, 토지 황폐화 저지, 회복 및 생
물 다양성 손실을 저지한다.

⑯ 평화와 공정을 모든 이에게

: 지속 가능한 개발을 위해 평화로우면서도 포용적인 사회를 촉진
시키고, 모든 사람에게 사법에 대한 접근을 제공해야 할 것이며,
다양한 수준에서 효과적이고 포용적이며 책임감 있는 제도를 구
축한다.

⑰ 파트너십으로 목표를 달성할 것

: 지속 가능 개발을 위한 이행수단을 강화하고 글로벌 파트너십을
활성화시킨다.

앞에 정리한 목표는 목표임과 동시에 축복받지 못한 환경에 놓인 사람들이 부르짖는 구조 신호이기도 하다. 다만 각각의 목표가 무조건 서로 관련되어 있지는 않다.

⑤번 '성평등의 실현'과 ⑥번 '안전한 물과 화장실의 보급' 사이에서 관계성을 찾아봐야 아무런 의미가 없다. 이는 법률이 아니다. 현실에 허덕이는 사람들의 목소리인 것이다. 아이들이 한 명씩 일어나 자신의 바람이나 소망을 말하는 상황과도 비슷하다. 이에 대해 선진국과 개발도상국의 구별 없이, 빈부의 차별도 없이 모든 국가가 그 바람을 들어주고자 일어선 것이다. 바로 이 사실에서 가치를 찾아야 하지 않을까 싶다.

2020년에 SDGs의 세계적 달성도 순위가 발표되었다. 166개국 중

그림 57-1　**전 세계 SDGs 달성도 순위**

1위	스웨덴	11위	벨기에	21위	캐나다
2위	덴마크	12위	슬로베니아	22위	스페인
3위	핀란드	13위	영국		
4위	프랑스	14위	아일랜드		⋮
5위	독일	15위	스위스		
6위	노르웨이	16위	뉴질랜드	31위	미국
7위	오스트리아	17위	일본		
8위	체코	18위	벨라루스		⋮
9위	네덜란드	19위	크로아티아		
10위	에스토니아	20위	한국	48위	중국

1~5위를 차지한 국가는 스웨덴, 덴마크, 핀란드, 프랑스, 독일이었다. 일본은 17위였고 한국은 20위였다.

일본은 작년에는 15위로, 2011년의 11위에서 점점 내려가는 경향이 뚜렷하다. 일본의 최대 과제로 거론된 사항은 성평등이나 기후 변동, 해양 및 육상의 지속 가능성, 파트너십이었다. 또한 경제 격차나 고령 빈곤층 등의 격차를 바로잡기 위한 노력 역시 후퇴하고 있다.

58 지속 가능한 개발을 달성하는 기준은?

SDGs의 주된 17개 목표마다 거의 10개씩 달성 기준이자 세부 목표가 설정되어 있다. 각 항목마다 이해하기 쉬운 표현으로 되어 있다.

SDGs의 17개 목표는 대단히 이해하기 쉽고 누가 보더라도 고개를 끄덕일 수밖에 없는 내용들뿐이다. 그렇다면 17개 목표에 접근하려면 어떻게 해야 좋을까? 우선 '①번 빈곤의 종식'의 '다양한 장소에서 다양한 형태의 빈곤을 종식시킨다'부터 해결해보기로 하자.

이 목표는 인류에게 분별심이 생겼을 무렵부터, 혹은 최소한 노예제나 제국주의가 사라졌을 무렵부터 꾸준히 논의되었다. 새삼스럽게 이러한 목표를 툭 던져놓고 "자, 노력해봅시다"라니, 구체적 방안 없이는 무슨 노력을 어떻게 하면 좋을지 몰라 제대로 진행되지 않을 공산이 크다.

그래서 **달성 기준**이 등장했다. 원대한 이상과도 같은 목표를 향해 **2030년까지 달성해야 할 기준**이다. 쉽게 말해 이정표인 셈이다. 각 목표마다 거의 10개씩, 총 169개가 설정되어 있다.

이 또한 각 항목마다 매우 이해하기 쉽게 쓰여 있다. 하지만 169개나 되기 때문에 전부 소개할 수는 없다. 따라서 각 목표에 첨부된 달성 기준 중 맨 위에 올라와 있는 사항만을 다음과 같이 정리해보았다.

① 2030년까지 현재 하루 1.25달러 미만으로 생활하는 사람들과 정의되지 않은 극도의 빈곤을 다양한 장소에서 종식시킨다.

② 2030년까지 기아를 박멸하고 모든 사람, 특히 빈곤층 및 유아를 포함한 취약 계층이 1년 내내 안전하면서도 영양가 있는 음식을 충분히 얻을 수 있게끔 한다.

③ 2030년까지 전 세계의 임산부 사망률을 출생 인구 10만 명 당 70명 미만으로 줄인다.

④ 2030년까지 남녀의 구별 없이 모든 아이가 적절하면서도 효과적인 학습 성과를 제공하는 공정한 양질의 초등 교육 및 중등 교육을 무상으로 수료할 수 있게끔 한다.

⑤ 다양한 장소에서 모든 여성 및 여아에 대한 다양한 형태의 차별을 철폐한다.

⑥ 2030년까지 모든 사람이 안전하고도 저렴한 마실 물에 보편적이고도 평등하게 접근할 수 있게끔 한다.

⑦ 2030년까지 저렴하고도 신뢰성 높은 현대적인 에너지 서비스에 대한 보편적 접근을 확보한다.

⑧ 각국의 상황에 맞게 1인당 경제성장률을 지속시킨다. 특히 개발 도상국 중에서도 개발이 지연된 국가는 최소한 연간 7%의 성장률을 유지해야 한다.

⑨ 모두를 위한 저렴하고도 공평한 접근에 중점을 두고, 경제 발전 및 복지를 지원하기 위해 지역 차원 및 국경을 초월한 사회 기반 시설을 포함해 신뢰성 있고 지속 가능한, 양질의 회복력 있는 사

회 기반 시설을 개발한다.

⑩ 2030년까지 전체 인구의 소득 수준 하위 40%의 소득 증가율
을 국가 전체 평균 이상까지 점진적으로 달성하고 유지하도록
한다.

⑪ 2030년까지 모두를 위한 충분하고 안전하며 저렴한 가격의 주
택과 기초 공공 서비스에 대한 접근을 보장하고 빈민가를 개선
한다.

⑫ 개발도상국의 발전 상황과 능력을 감안하면서 지속 가능한 소
비와 생산 양식에 관한 10개년 계획의 프레임 워크(10YFP)를 선
진국의 주도하에 모든 국가가 이행한다.

⑬ 모든 국가에서 기후와 관련된 재해 및 자연 재해에 대한 회복력
을 강화한다.

⑭ 2025년까지 해양 폐기물이나 부영양화를 포함한, 특히 육상 활
동에서 비롯된 오염 등 다양한 형태의 해양오염을 예방하고 대
폭 감소시킨다.

⑮ 2020년까지 국제 협약상의 의무에 따라 숲, 습지, 산지 및 건조
지를 비롯한 육상 생태계와 내륙 담수 생태계의 보전 및 회복,
지속 가능한 이용을 보장한다.

⑯ 다양한 장소에서 모든 형태의 폭력 및 그 폭력에 따른 사망률
을 대폭 감소시킨다.

⑰ 과세 및 징수 역량을 향상시키기 위해 개발도상국에 대한 국제
적 지원 등을 통해 국내의 자원 동원을 강화시킨다.

앞의 내용은 훌륭한 기준이지만, 10년 남짓한 시간 동안 이 모든 것들을 달성해야 한다고 생각하면 어려울지도 모르겠다. 하지만 반드시 달성할 수 있다는 마음가짐으로 노력하다 보면 바뀔 것이다. 바로 그곳에 인류의 미래가 있지는 않을까?

59

지속 가능한 개발과 환경 문제를
어떻게 조화시킬까?

SDGs에서 환경과 관련된 문제도 상당하다. 그렇다면 이걸 어떻게 풀고 실천해야 할까? 갈 길은
험하지만 할 수 있는 것부터 하나씩 해야 한다.

SDGs의 국제적인 대처

지금까지 살펴보았듯이 17개의 국제적 목표를 보면 SDGs의 목표는
다방면에 널리 퍼져 있다. 당연히 환경 문제도 중요한 범위를 차지하
고 있다. 여기에서는 마지막으로 SDGs와 환경 문제의 관계에 대해
살펴보도록 하겠다.

SDGs의 17개 목표에서 ⑥번 물, ⑫번 지속 가능한 생산 및 소비,
⑬번 기후 변동, ⑭번 해양, ⑮번 생태계와 삼림 등은 특히 환경과 밀
접한 관계가 있다. SDGs 전신 중 하나인 밀레니엄 개발 목표(MDGs,
Millennium Development Goals)의 8개 목표 중 환경과 직접적으로 관
련된 목표가 하나밖에 없었다는 사실과 비교하면, SDGs에서는 환경
적 측면이 증가했음이 여실히 드러나 있다.

2016년 5월, 일본 도야마시에서 개최된 G7 환경장관 회의에서는
지속 가능한 개발을 위한 2030 아젠다가 주요한 의제로 다루어졌다.
이 자리에서 지속 가능한 개발(SDGs)를 중핵으로 삼는 2030 아젠다
를 모든 수준에서 촉진시켜나가겠다는 강한 결의가 표명되었다.

또한 환경적 측면에서 SDGs를 실시하기 위해 G7 멤버가 힘을 합쳐 움직이는 것(이하 G7 협조행동)이 얼마나 중요한지 새삼 뜻을 모았고, 환경 문제의 해결을 위한 실무자 수준에서의 G7 협조행동을 입안해나가기로 합의했다. 본 회의를 통해서 G7 각국은 서로 연계하여 기업이나 지자체의 선진 사례를 소개하는 워크숍을 개최, G7 협조행동의 활동을 이해하기 쉽게 소개함과 동시에 프로젝트 실시를 위한 정보 수집과 교환을 실시하게 되었다.

이런 사항을 배경으로 일본 환경성에서는 G7 협조행동을 추진하기 위해 G7 각국과 연계 및 조정을 실시했다. SDGs의 달성에 이바지하는 선진적인 대처 방안을 공유하고 정보를 전달하기 위한 워크숍을 기업과 지자체, 정부 등을 대상으로 개최하게 되었다.

그리고 2016년 5월 20일에는 총리를 본부장, 모든 국무장관을 멤버로 하여 제1회 '지속 가능한 개발 목표(SDGs) 추진 본부 회의'가 개최되었다. 이 자리는 그 이후로도 매년 2회, 같은 멤버로 개최되고 있으며, 일본의 SDGs에 관한 사항이 결정되고 있다.

기업은 어떻게 활동해나가야 할까?

SDGs는 국가나 정부에 기대할 뿐만 아니라 기업 활동에도 기대가 크다. 앞에서 SDGs가 채택되기 이전에도 세계 각국이 힘을 합쳐 대처해야 할 국제적 목표로 밀레니엄 개발 목표(MDGs)가 있었다고 했다. 달성 기한을 2015년으로 잡았던 MDGs는 기한이 만료됨에 따라 발전적으로 해소되었고, 그 뒤를 이어서 새로이 지정된 국제 목표가 바로 SDGs였다.

SDGs와 MDGs에는 큰 차이가 있다. 우선 MDGs는 각국 정부의 노력을 염두에 두었다. 그에 비해 SDGs에서는 정부뿐 아니라 기업이나 NPO·NGO 등의 민간 부문을 포함해 문자 그대로 **세계 전 인구가 과제를 해결하기 위해 주체적으로 대처할 것을 요구하고 있다는 점이** 다르다.

대부분의 기업은 이전까지도 'CSR(기업의 사회적 책임)'이라는 관점으로 사회적 공헌 활동을 실시해왔다. 하지만 기껏해야 금융기관이 **나무심기 캠페인을 벌이는 것 같은 활동이 전부였다. 대부분 본업과 직접적인 관련이 없는 활동이** 주를 이루고 있었다.

이와 달리 SDGs는 각 기업이 각자의 본업을 통해 목표를 달성할 수 있게끔 노력해야 함을 시사하고 있다. 이에 따라 어느 기업이나 쉽게 참여할 수 있으며 실질적으로 활동에 나설 수 있게 되었다. 예를 들어 버려지는 식료품을 줄이기 위해 비축 물자 관리를 정비하는 업무 역시 SDGs 활동의 일환이라 볼 수 있을 것이다. 불필요해진 비축 물자를 필요로 하는 단체에 기부한다면 SDGs의 목표 달성으로 이어진다.

SDGs는 원대한 목표지만 이를 달성하는 데에 반드시 거창한 계획이 필요한 것은 아니다. 발밑을 내려다보며 가능한 일부터 한 걸음 한 걸음 나아가면 된다. 이러한 일이 반복되다 보면 사회가, 세계가, 지구 환경이 변해가는 것은 아닐까?

그렇다면 기업의 구체적인 사례는 어떠할까? 일본의 기업도 의욕적으로 SDGs에 참여하고 있다. 다음을 보자.

- 계약직 직원의 정직원 채용 및 장애가 있는 직원을 자회사에 특례로 채용
- 폐기되는 식료품의 재활용률을 50% 이상으로 올림
- 물류에서 사용되는 트럭의 대수나 공차(空車) 상태에서 주행하는 거리 및 시간 삭감
- 다양한 환경 관련 모금의 실시
- 커피콩 찌꺼기를 이용해 젖산 발효 사료나 퇴비 생산
- 우유팩을 재활용하여 화장지 생산
- 지역의 장인들과 연합하여 지역 식자재와 가공 기술을 이용한 제품 생산
- 재해 지원을 통해 직원과 지역 주민과 연결
- 입을 수 없게 된 아동복을 난민 등에게 보냄

앞의 사례에서 알 수 있듯이, 목적의식을 갖고 작은 배려심으로 일상의 기업 활동을 재검토해보면 SDGs에 이바지할 여지는 충분하다.